Naturführer

Rügen und Hiddensee

Tiere – Pflanzen – Schutzgebiete

Naturführer

Rügen und Hiddensee

Tiere – Pflanzen – Schutzgebiete

Rico Nestmann

Gesamtherstellung: Wachholtz Verlag
Printed in Germany
ISBN 978-3-529-05463-1

Besuchen Sie uns im Internet:
www.wachholtz-verlag.de

Inhalt

Vorwort

Die weltweite Diskussion um den Schutz und Erhalt weitgehend unberührter und damit naturbelassener Wildnisgebiete ist längst in Europa und damit auch in Deutschland angekommen. Großschutzgebiete wie Nationalparke (NP), Biosphärenreservate und Naturparke haben für den Erhalt der biologischen Vielfalt eine große Bedeutung. Sie sind Teil des Nationalen Naturerbes und haben sich unter der Dachmarke »Nationale Naturlandschaften« organisiert. In diesen Großschutzgebieten, aber auch in vielen Natur- und Landschaftsschutzgebieten gibt es eine faszinierende Vielfalt der Natur zu entdecken. Das Spektrum reicht von menschlich geprägten Kulturlandschaften bis hin zu ursprünglichen Wildnisgebieten.

Zum Buch

Dass sich diese Themen in Deutschland nicht nur im Allgemeinen, sondern mit Blick auf die kostbaren Insellandschaften der Ostseeeilande Rügen und Hiddensee auch im Speziellen stellen, ist wesentlicher Bestandteil des vorliegenden Buches. Es gibt nicht nur Beobachtungstipps und stellt Touren für einzigartige Entdeckungen zwischen Bodden und Meer vor – es liefert darüber hinaus neben vielen Tier- und Naturfotografien auch Einblicke in die Mechanismen, Regeln und Regelungen, die für den Erhalt dieser letzten Wildnisgebiete vor unserer Haustür notwendig sind.

Wildnis in Deutschland

Das Europäische Parlament hat im Februar 2009 eine Resolution zur Erhaltung von Wildnisgebieten in Europa verabschiedet. Gleichzeitig wurde die Europäische Kommission beauftragt, die auf Wildnis bezogenen Ziele

Die Rügener Kreideküste ist als Wahrzeichen der Insel weltbekannt. Bei Sonnenaufgang beginnt das Weiß der Kreide langsam zu leuchten.

in das Netzwerk »Natura 2000« zu integrieren. Seit 2013 liegen dazu ein entsprechendes Dokument und Datenwerk vor. Demnach wird Wildnis wie folgt definiert:

> »Wildnisgebiete sind große, unveränderte oder nur leicht veränderte Naturgebiete, die von natürlichen Prozessen beherrscht werden und in denen es keine menschlichen Eingriffe, keine Infrastruktur und keine Dauersiedlungen gibt. Sie werden dergestalt geschützt und betreut, dass ihr natürlicher Zustand erhalten bleibt und sie Menschen die Möglichkeit zu besonderen geistig-seelischen Naturerfahrungen bieten.«

In Deutschland sind auf Wildnis bezogene Ziele unter anderem in der sogenannten Nationalen Strategie zur biologischen Vielfalt verankert (Nationale Biodiversitätsstrategie – NBS). Dabei kommt den »Nationalen Naturlandschaften« für die Erhaltung, Bewahrung und Steigerung der biologischen Vielfalt eine herausragende Rolle zu. Die Nationale Strategie formuliert konkrete Qualitäts- und Handlungsziele, die auch für die Entwicklung dieser schönsten und wertvollsten Landschaften Deutschlands gelten. So wird angestrebt, dass sich die Natur bis zum Jahr 2020 auf mindestens zwei Prozent der Fläche der Bundesrepublik Deutschland wieder nach eigenen Gesetzmäßigkeiten mit möglichst geringem menschlichen Einfluss entwickeln soll. Heute beträgt dieser Anteil deutlich weniger als ein Prozent. In Wäldern soll der Flächenanteil mit natürlicher Waldentwicklung bis 2020 sogar fünf Prozent der Waldfläche betragen.

Erhalt biologischer Vielfalt

Mit Unterzeichnung der Biodiversitätskonvention (Convention on Biological Diversity – CBD) beim Weltumweltgipfel in Rio de Janeiro im Jahr 1992 verpflichtete sich die Bundesrepublik Deutschland gemeinsam mit weiteren 188 Staaten unter anderem zur Erhaltung der biologischen Vielfalt. Im Jahr 2007 wurde von der Bundesregierung zur Umsetzung der CBD in Deutschland eine Nationale Strategie zur Biologischen Vielfalt (BMU 2007) herausgegeben und diese in Mecklenburg-Vorpommern durch das Konzept zur »Erhaltung und Entwicklung der Biologischen Vielfalt in Mecklenburg-Vorpommern« (MLUV 2012) konkretisiert.

Die drei Ziele der Biodiversitätskonvention sind

- die Erhaltung der biologischen Vielfalt auf den Ebenen der Ökosysteme, der Arten sowie der genetischen Vielfalt innerhalb der Arten,
- die nachhaltige Nutzung ihrer Bestandteile und
- die gerechte Aufteilung der aus der Nutzung der genetischen Ressourcen resultierenden Vorteile.

Rico Nestmann, im Januar 2016

Gesellschaft Deutscher Tierfotografen
Ornithologische Arbeitsgemeinschaft Mecklenburg-Vorpommern
Kranichschutz Deutschland – Landesarbeitsgruppe Mecklenburg-Vorpommern

Einführung

Im Osten der Rügener Halbinsel Jasmund ragen die einmaligen Kreidekliffe eindrucksvoll aus dem Meer.

Einführung

Auf einer Fläche von etwa 1120 Quadratkilometern bieten die Ostseeinseln Rügen und Hiddensee zwei Nationalparken, einem Biosphärenreservat sowie dreiundzwanzig Naturschutz- und sieben Landschaftsschutzgebieten durch nationale und internationale Abkommen, Regelungen und Bestimmungen gesetzliche Sicherheit. Gleichzeitig sind das ideale Voraussetzungen, um den Schatz aus Vergangenheit und Gegenwart auch in Zukunft zu erhalten. Der Schutz aller verbliebenen Naturparadiese dieser Erde sowie die Erhaltung letzter Rückzugsgebiete bedrohter Tier- und Pflanzenarten stellen die dringlichsten Aufgaben heutiger Bestrebungen im Natur- und Artenschutz dar.
In den letzten 40 Jahren hat sich der Bestand an Wirbeltieren weltweit halbiert. Die Vorkommen von Arten, die an Land und in den Salzwassermeeren leben, sind um über 50 Prozent zurückgegangen. Die Fauna der Süßwasserareale ist im gleichen Zeitraum sogar um etwa 80 Prozent geschrumpft. Die Ostseeinseln Rügen und Hiddensee sind seit Langem in weiten Teilen geschützt und reflektieren bis heute ihre außergewöhnliche Besonderheit mit einigen der eindrucksvollsten Landschaften Norddeutschlands: Weiße Kreidefelsen über der blauen See Jasmunds, sanft geschwungene Buchten an Bodden und Meer, küstennahes Wiesen- und Weideland auf Wittow und Mönchgut, schroffe Steilküsten am Dornbusch und Kap Arkona. Maritime Kleinode und bedeutende Großschutzgebiete beherbergen eine Vielzahl von seltenen, bedrohten und geschützten Tier- und Pflanzenarten.

Artenreiche Fauna und Flora

In der Inselwelt Rügens und Hiddensees gibt es noch Wale, Robben und Adler. Hierher kommen alljährlich tausende Kraniche und Wildgänse, um auf ihren Wanderungen im Herbst und Frühjahr in der stillen Wildnis der Ostseeinseln einen erholsamen Zwischenstopp auf ihrer langen Reise durch Europa einzulegen. Auf kleinen Inseln im Bodden sowie in zahlreichen Buchten, Lagunen und Schilfgürteln der wilden Eilande nisten Möwen und Seeschwalben, Wat- und Wasservögel, Reiher und Kormorane. Im Schutz windgegerbter Küstenwälder leben Seeadler und Kolkraben, Rot- und Damhirsche, Wildschweine und Rehe. An heimlichen Seen turnt die Bartmeise durchs Schilf, an steilen Ufern nisten Eisvögel und Uferschwalben,

Der stolze Seeadler hat von Maßnahmen des Artenschutzes profitiert. Rund 50 Prozent des gesamtdeutschen Bestandes nistet in Mecklenburg-Vorpommern.

über ruhigen Wasserflächen gehen Schwarzmilane und Nebelkrähen auf die Jagd nach Fischen. Auf weißen Dünen reckt die Stranddistel ihre stacheligen Zweige in den rauen Seewind.

Vögel des Glücks

Ein Vogel ist Sinnbild für die beeindruckenden Naturräume der Ostseeinseln Rügen und Hiddensee: der Kranich. In den Weiten beider Inselreiche gibt es viele Möglichkeiten, den sogenannten »Vögeln des Glücks« zu begegnen. Besonders im Herbst bevölkern Kraniche die Landstriche an Bodden und Meer in großen Scharen. Bis zu 75 000 Kraniche legen in der Rügen-Bock-Region – einem der wichtigsten Rastplätze in Mitteleuropa – einen Zwischenstopp bei ihrer Wanderung aus den Brutrevieren Skandinaviens und Osteuropas in die Überwinterungsgebiete Frankreichs und Spaniens ein. Mit dem Zug der Kraniche können Naturfreunde alljährlich im September und Oktober auf Rügen eines der letzten großen Naturschauspiele Mitteleuropas hautnah erleben. Egal ob Nationalpark oder Biosphärenreservat, ob Naturschutz- oder Landschaftsschutzgebiet – die Vögel tauchen in allen

Kraniche werden auch »Vögel des Glücks« genannt. Tausende der Tiere kommen alljährlich auf die Ostseeinseln.

Regionen der Inseln Rügen und Hiddensee auf. Begegnungen mit Kranichen in freier Natur gehören zu den unbestrittenen Höhepunkten einer jeden Naturwanderung – sie sind Lohn und Ansporn für Geduld und Ausdauer. Der aufmerksame Wanderer sollte auf die Silhouette des Kranichs mit seinem lang gestreckten Hals und den weit über den Boden hinausragenden Beinen stets gefasst sein.
Über den Landstrichen an Bodden und Meer zieht der Kranich schon lange seine Kreise. Seit Mitte des 19. Jahrhunderts gehören die Nahrungsflächen und Schlafplätze auf der Insel Rügen zu den wichtigsten Rastplätzen der Vögel bei ihren Wanderungen auf dem westeuropäischen Zugweg. Ein eleganter Schreitvogel, der in der Mythologie sowie in der Sagen- und Märchenwelt einen festen Platz gefunden hat. Kraniche haben in den vergangenen Jahrzehnten von den umfangreichen und länderübergreifenden Maßnahmen des Natur- und Artenschutzes profitiert und sind Sinnbild für unberührte und intakte Naturräume. Zogen vor 20 Jahren nur noch 1000 Kranichpaare ihre Jungen in Deutschland groß, sind es heute wieder über 8000 Kranichpaare, die zwischen Ostsee und Alpen zur Brut schreiten. Dabei nistet 50 Prozent des gesamtdeutschen Kranichbestands in Mecklenburg-Vorpommern, dem Land der Kraniche und Adler.

Geschützte Natur der Inselwelten

Die Inseln Rügen und Hiddensee gehören mit rund 2000 Sonnenstunden im Jahr nicht nur zu den sonnenreichsten Regionen Deutschlands, sondern bieten mit ihren gemischten Landschaftsformen einige der interessantesten, schönsten und wertvollsten Naturräume Norddeutschlands. Dies beinhaltet gleichzeitig auch ein großes Gefährdungspotenzial, denn allein auf Rügen werden pro Jahr mehr als eine Million Gästeankünfte sowie mehr als sechs Millionen Übernachtungen registriert. Deshalb sollte sich jeder Mensch – ob

Gast oder Einheimischer – bereitwillig an jene Bestimmungen halten, die erlassen wurden, um den dringend notwendigen Schutz von Natur und Landschaft auf den Ostseeinseln zu garantieren. Denn deren Vielfalt und Schönheit sollen auf Dauer bewahrt bleiben.

Dazu wurden zahlreiche Großschutzgebiete eingerichtet. Weitläufige Areale stehen im Bereich Westrügen und Hiddensee als Nationalpark Vorpommersche Boddenlandschaft unter strengem Schutz – eingeschlossen sieben Küstenvogelschutzgebiete. Im Nationalpark Jasmund wird mit der Rügener Kreideküste ein weltweit anerkanntes Wahrzeichen einer intakten Natur an der südlichen Ostseeküste bewahrt. Im Biosphärenreservat Südost-Rügen, das die gesamte nördliche Umrandung des Greifswalder Boddens und ganz Mönchgut umfasst, soll der Charakter dieser einzigartigen Natur- und Kulturlandschaft erhalten bleiben. Zahlreiche Naturschutzgebiete (NSG) auf Rügen und Hiddensee sowie an den gegenüberliegenden festländischen Ufern sowie kostbare Landschaftsschutzgebiete sichern die sensibelsten Naturbereiche für nachkommende Generationen ab. Weiträumige Wasser- und Uferflächen sind als Feuchtgebiete von internationaler Relevanz ausgewiesen und bilden wichtige Rastplätze für tausende Wasservögel.

Die Silhouette des Kranichs ist mit dem charakteristischen lang gestreckten Hals auch aus der Ferne gut auszumachen.

Die Sichtung von Seehunden bleibt auf Rügen und Hiddensee zwar eine Ausnahme, ist dann aber umso eindrucksvoller.

Vor allem bei Sonnenuntergang entstehen auf den Ostseeinseln wunderschöne Lichtstimmungen.

Rügen

Deutschlands größte Insel

Rügen – Deutschlands größte Insel

Sie ist Deutschlands größte Insel. Ob Rügen auch das schönste Eiland ist, liegt im subjektiven Empfinden des jeweiligen Betrachters. Wer das herausfinden möchte, ist eingeladen, die besonderen Landschaften im Wandel der Jahreszeiten sowie in den unterschiedlichen Regionen der beinahe 1000 Quadratkilometer großen Insel zu erleben. Wilde Natur in Norddeutschland, beeindruckende Licht- und Wetterstimmungen, grandiose Naturschauspiele zwischen Himmel und Meer – all das lässt sich auf der Ostseeinsel Rügen entdecken. Setzen Sie einen Fuß in die Wildnis vor unserer Haustür.

Rügen ist mit einer Fläche von etwa 970 Quadratkilometern zehnmal größer als Sylt, hat aber nur ungefähr dreimal so viele Einwohner. Die Nord-Süd-Ausdehnung beträgt knapp über 50 Kilometer, die West-Ost-Ausdehnung beinahe 43 Kilometer. Rügens Küstenlinie misst fast 600 Kilometer und ist damit 140 Kilometer länger als die Ostseeküste von Schleswig-Holstein. Ein Blick aus der Höhe zeigt, dass Rügen nicht nur eine große Insel, sondern auch ein Eiland vieler Buchten und Nehrungen, Strände und Küsten, Wälder und Wiesen ist. Stellenweise mutet die Insel wie ein bunter Flickenteppich an, denn unterschiedliche Landschaftsformen und -typen wechseln sich in fließenden Übergängen ab.

Ostsee

Weit und breit nur Schlick und Schlamm? Wer glaubt, dass es auf dem Grund der Ostsee vor Rügen so trüb aussieht, irrt. Wie abwechslungsreich der Meeresboden tatsächlich ist, zeigt die erste flächendeckende Unterwasserbiotop-Karte für das größte Brackwassermeer der Erde, die seit September 2015 vorliegt. Das umfangreiche Daten- und Zahlenwerk wurde von Wissenschaftlern des Leibniz-Instituts für Ostseeforschung (IOW) in Rostock-Warnemünde erarbeitet. Damit ist den Forschern eine Premiere geglückt, von der vor allem der Naturschutz profitiert. Die Karte gibt Aufschluss darüber, wo welche Lebensräume in der Ostsee vor Rügen zu finden sind. Gerade in Bereichen, die wirtschaftlich genutzt werden sollen – etwa für Offshore-Windparks –, sind diese Erkenntnisse sehr wichtig. So wissen Raumplaner schon frühzeitig, wo Eingriffe wertvolle Lebensgemeinschaften im Meer gefährden würden. Nationale und internationale Naturschutzrichtlinien können auf diese Weise effektiv umgesetzt werden.

Die Flunder ist ein Plattfisch, der in der Ostsee vor Rügen vorkommt.

Um die Unterwasserkarte der Ostsee detailliert erstellen zu können, hat das IOW mehrere tausend Proben von im und auf dem Meeresboden lebenden Organismen ausgewertet. Die Proben hatten Biologen über einen Zeitraum von 14 Jahren an rund 2000 verschiedenen Stationen aus der Ostsee gefischt. Die punktuell gewonnenen Daten wurden mit einem speziellen Computerprogramm hochgerechnet und analysiert. So wurden für ein Fünftel der Fläche besonders schützenswerte Lebensräume ermittelt: Entweder stehen sie auf der Roten Liste stark gefährdeter Biotop-Typen oder sie sind einfach generell sehr selten. Werden diese Biotope geschützt, kommt das auch vielen Tier- und Pflanzenarten zugute, denn die sind oft stark an bestimmte Lebensräume gebunden.
Wo lebt welcher Ringelwurm und wo wächst die größte Seegraswiese? Jedes Biotop im Meer ist durch bestimmte Bewohner charakterisiert, die dort besonders häufig vorkommen. Zudem unterscheiden sich die Lebensräume bei Parametern wie Sauerstoffgehalt, Strömung, Licht oder Temperatur. Anhand dieser Faktoren haben die Forscher ganze 68 verschiedene Biotop-Typen vor der deutschen Ostseeküste ausgemacht. Dabei spielt der jeweilige Salzgehalt die wichtigste Rolle für die Meeresorganismen. So kommen beispielsweise westlich der Darßer Schwelle viele von der

Bei Wind kann es an der Ostsee auch mal stürmisch zugehen.

Islandmuschel dominierte Bereiche vor. Östlich dieser Grenze lässt sich vor allem die Baltische Plattmuschel nachweisen. Vor Rügen gibt es verbreitet Artengruppen aus Herz-, Platt- und Sandklaffmuscheln sowie größere Vorkommen der Miesmuschel. Der Ostseegrund steckt voller Leben. Überall dort, wo Licht hinkommt, wächst etwas – und selbst dort, wo es dunkel ist, ist im Meeresboden viel los. Die Karte des IOW wird künftig dabei helfen, die Artenvielfalt in der Ostsee zu schützen.

Ostseeküste

Viele prägende Landschaftsformen und Naturräume finden sich an den Ostseeküsten der Insel Rügen. Die Küstenlänge von rund 600 Kilometern teilt sich in etwas über 100 Kilometer Außenküste sowie 490 Kilometer Binnenküste auf. Der Anteil der Sandstrände beträgt dabei 56 Kilometer und die Naturstrände umfassen 27 Kilometer. Auf die Boddenstrände entfallen

Der Meerkohl zählt zur vielfältigen Flora Rügens und hat seine Blütezeit von Mai bis Juli.

Die Schalen der Baltischen Plattmuschel lassen sich an der Ostseeküste oft finden.

2,8 Kilometer, auf die Steilküsten 85. An den Ostseeküsten präsentieren sich mit den Kreidefelsen auf Jasmund, den Hochufern der Ostseebäder sowie den Steilküsten und aktiven Kliffen aus Wittow und Mönchgut einige der markantesten und schönsten Landschaftsformen Rügens. Darüber hinaus finden zwischen Spülsaum und Düne viele bedrohte Tierarten letzte Zufluchtsstätten, gedeihen seltene Vertreter der maritimen Pflanzenwelt im rauen Ostseewind. Begrenzt wird Deutschlands größte Insel im Südwesten von dem Meeresarm Strelasund und der Hansestadt Stralsund, im Nordwesten von Rügens Schwesterinsel Hiddensee sowie im Norden von der weit entfernten Ostseeküste Dänemarks. Die Nachbarinsel Usedom befindet sich südöstlich von Rügen. Kein Ort auf der Insel liegt weiter als sieben Kilometer vom Wasser entfernt. Die höchste Erhebung Rügens ist mit etwa 161 Metern der Piekberg, der sich im Wald der Stubnitz auf der Halbinsel Jasmund befindet.

Bodden

Die Insel Rügen ist unter anderem für ihre Bodden bekannt. Die Ufer dieser Boddengewässer, die eine mittlere Wassertiefe von zwei bis fünf Metern besitzen, sind sehr vielgestaltig und präsentieren sich mit Blick auf die Landschaften sowie auf die Flora und Fauna sehr abwechslungsreich. Wind und Wellen konnten hier ihre Kräfte nur einige Zeit lang ungehindert entfalten, denn durch die allmähliche Abschottung zum offenen Meer blieben die Veränderungen der ursprünglichen Küstenlinie in ihren Ausmaßen weit hinter denen der Außenküste zurück. Mehr als die Hälfte aller Boddenufer besitzen niedrige Steilufer. Blieben diese lange Zeit von der Abtragung verschont, wurden sie zu inaktiven Steilufern, die auch fossile Kliffe genannt werden. Diese dominieren heute in der Boddenlandschaft und sind meist mit Strauchwerk bestanden. Höhere Steilufer können auch dicht bewaldet

Die Bodden dienen zahlreichen Vogelarten als Schlafplatz – wie hier den Kranichen.

Auch Höckerschwäne können in der Nähe der Boddengewässer nicht selten beobachtet werden.

Die Bodden verleihen den Insellandschaften Mecklenburg-Vorpommerns einen speziellen Reiz und beherbergen eine artenreiche Flora und Fauna.

sein – wie beispielsweise einige Bereiche am Großen und Kleinen Jasmunder Bodden. Andere Landschaftsformen an den Boddengewässern sind aktive Kliffe, Flachküsten, Röhrichtgürtel und Salzwiesen. Der letztgenannte Lebensraum, der bei Hochwasser überflutet wird, ist von Prielen durchzogen und mit charakteristischen Salzgraspflanzen bewachsen. Salzgrasland stellt ein typisches Landschaftselement der Boddenküste dar und gehört zu jenen wilden Lebensräumen am Meer, die seit jeher direkt durch den Menschen in Form von Beweidung geprägt werden.

Boddenküste

Die Boddenküste der Insel Rügen gehört nicht nur zur rund 1600 Kilometer langen Binnenküste von Mecklenburg-Vorpommern, sondern auch zu den geologisch jüngsten Landschaften Deutschlands. Entstehende Sandhaken, die im Lauf der Zeit immer größer wurden, erreichten entweder den nächsten Inselkern oder wuchsen mit einem anderen Sandhaken zusammen. Auf diese Weise bildeten sich Nehrungen. Sandhaken und Nehrungen sind natürliche Wälle, durch die frühere Buchten vom offenen Meer

Bodden zählen weder zum Meer noch zu den Binnenseen und enthalten nur schwach salziges Wasser.

Von einem Boot aus lässt sich die Boddenküste aus einer anderen Perspektive erleben.

weitgehend abgeschnürt und dadurch zu Bodden wurden. Die schmalen und lang gestreckten Landstreifen, die sich heute zwischen Meer und Bodden befinden – beispielsweise die Schaabe an der Tromper Wiek –, sind Aufschüttungen, auf denen meist der Wind den Sand zu Dünen anhäufte. Markante Inselregionen der vorpommerschen Boddenlandschaft sind die großen rügenschen Halbinseln Wittow und Jasmund sowie alle Hügelgebiete der Halbinsel Mönchgut. Zu den Sandhaken zählt der Bug auf Rügen, der größte Sandhaken im Nationalpark Vorpommersche Boddenlandschaft. Bis heute sind die natürlichen Abtragungs- und Ablagerungsprozesse entlang der Küstenlinien nicht beendet, denn noch immer arbeiten das Meer und der Wind an den Steilufern der Außenküste und an manchen Stellen – wie auf Mönchgut – sogar an den Boddenufern. Auch heute noch werden die Inselkerne langsam kleiner, während die Sandhaken wachsen. Diese Landschaftsdynamik kann jeder Besucher der Boddenküste selbst erleben.

Wittow ist die windgegerbte und sturmgepeitschte Halbinsel hoch oben im Norden der Insel Rügen. Der Name »Wittow« stammt aus dem Slawischen und bedeutet so viel wie »Windland«. Die nördlichste Halbinsel auf Deutschlands größtem Eiland hat zwischen Bodden und Meer eine Vielzahl von Naturbesonderheiten sowie eine mannigfaltige Tierwelt zu bieten.

Die abwechslungsreiche Küstenlandschaft Rügens beginnt ganz im Norden des Ostseeeilandes. Die Halbinsel Wittow, die sich an den Bodden still und verträumt zeigt, an den Meeresküsten dagegen einen wilden und rauen Charme versprüht, eröffnet mit der Landzunge Bug im Westen Wittows den Startpunkt für eine Reise durch ein letztes Stück Wildnis in Norddeutschland. Wer seinen Fuß auf Bug setzt, ist mitten drin im Nationalpark Vorpommersche Boddenlandschaft.

Nationalpark Vorpommersche Boddenlandschaft

Mit einer Fläche von etwa 800 Quadratkilometern – davon ungefähr 120 Quadratkilometer Landfläche – zählt der **Nationalpark Vorpommersche Boddenlandschaft** zu den größten Schutzgebieten in Deutschland. Über drei Millionen Gäste erleben jährlich das Naturparadies an der Ostsee hautnah. Das Großschutzgebiet erstreckt sich von der Halbinsel Fischland-Darß-Zingst über die Windwattbereiche der Werderinseln und der Insel Bock bis hinüber nach **Hiddensee** sowie **Nord-** und **Westrügen**. Der Nationalpark zwischen Bodden und Meer birgt Naturwunder, wie sie in ihrer Vielfalt nur noch hier zu finden sind: Adler und Kraniche, Seeschwalben und Robben, Vogelinseln und Dünenlandschaften. Er dient dem Schutz der Vorpommerschen Boddenlandschaft, der Bewahrung ihrer Eigenart, Schönheit und Ursprünglichkeit sowie dem Schutz der vielfältigen Tier- und Pflanzenwelt. Dabei wird das Hauptaugenmerk auf den Erhalt der wichtigsten See-, Wat- und Wasservogelbrutplätze an der deutschen Ostseeküste sowie in den Boddengewässern gelegt. Auch die Absicherung möglichst idealer Bedingungen während der Rast-, Zug- und Aufenthaltszeiten in den Herbst- und Wintermonaten gehört dazu. Wer den **Südbug** im Nationalpark betreten darf, sollte sich die Zeit für eine ausgedehnte Betrachtung der zahlreichen Sandbänke zwischen Rügen und Hiddensee nehmen. Dort lassen sich neben Kormoranen und Großmöwen regelmäßig auch Seeadler beobachten.

Die Eule in Schwarz auf gelbem Grund signalisiert Besuchern bereits seit DDR-Zeiten unverkennbar den Schutzstatus eines Gebiets.

Halbinsel Bug

Fast 80 Jahre lang wurde die Halbinsel Bug militärisch genutzt. Hinter den 180 Hektar auf dem Nordbug, die im Ersten und Zweiten Weltkrieg sowie zu DDR-Zeiten bis 1990 vom Militär besetzt waren, konnte sich auf dem Südbug eine einzigartige Flora und Fauna ungestört entfalten. Der Landstrich an der Nordwestküste **Wittows** erfährt seit seiner Zugehörigkeit zum Nationalpark Vorpommersche Boddenlandschaft eine besondere Wertschätzung. Die mehr als acht Kilometer lange, nur wenige Meter über die Mittelwasserlinie herausragende Halbinsel gehört zu den bedeutendsten Sandablagerungsstellen Rügens. Der **Neue Bessin** auf Hiddensee, die große Sandplatte der **Bessinschen Schaar** und der über 500 Hektar große Sandhaken **Bug** könnten in wenigen Jahrhunderten eine feste Landverbindung zur Insel Hiddensee bilden, wenn man der Natur ihren Lauf lassen würde. Bis heute wird dieser Prozess allerdings durch regelmäßige Ausbaggerungen des Fahrwassers des **Libbens**, der zwischen den Bessinen und dem Bug verläuft, vom Menschen unterbrochen und somit das Zusammenwachsen beider Inseln verhindert. Am Ostseestrand des Südbugs, den Gäste über das Fremdenverkehrsamt Dranske geführten Wanderung besuchen können, leben Sandregenpfeifer

Die Halbinsel Bug von oben. Der Landstrich gehört zum Nationalpark Vorpommersche Boddenlandschaft.

Im Nationalpark können immer wieder Seeadler beobachtet werden – wie hier direkt am Ostseestrand.

und Zwergseeschwalbe – zwei in Deutschland sehr seltene Vogelarten. Die Vögel kehren alljährlich in die Abgeschiedenheit dieses Strandes zurück, um hier zu brüten und ihre Jungen aufzuziehen. Im Dünensand gedeihen seltene Pflanzen wie die Stranddistel und der Meerkohl.

Vom Land aus führt nur ein Weg auf die Halbinsel Bug – ein schmaler Zugang zwischen der Ostsee auf der einen und dem Wieker Bodden auf der anderen Seite, dessen schmalste Stelle am **Buger Hals** kaum 100 Meter misst. Während an dieser Stelle Steinwälle und Buhnen eine weitere Abtragung des Landes verhindern sollen, wird Bug einige hundert Meter weiter südlich jährlich um einen halben Meter breiter. Die exponierte Lage der Halbinsel im Nordwesten Rügens mit einer windgeschützten Boddenseite und einem schnellen Zugang zum offenen Meer auf der Ostseeseite ist für viele Vogelarten von Vorteil. Über die Hälfte Bugs ist bewaldet. Aufgrund des frühen Stadiums der Waldentwicklung beherrschen Pioniergehölze wie Kiefern, Birken und Pappeln das Bild. Bemerkenswert ist die überall sichtbare Naturverjüngung (Nachwuchsbestand) dieser Baumarten. Vereinzelt wachsen dort auch Buchen und Stiel-Eichen. An der Seeseite und im Übergangsbereich zum unbewaldeten Südbug wachsen Kiefernwälder auf einem ausgeprägten Dünenrelief mit malerischen Windflüchtern (Bäume, deren Wuchs durch den größtenteils aus einer Richtung wehenden Wind bestimmt ist). Im Grenzraum zu den Dünen nehmen Sanddorndickichte große Flächen ein. Für

Der Sandregenpfeifer brütet auf der Halbinsel Bug – er bevorzugt freie Kies- oder Sandflächen nahe der Meeresküste.

Die seltene Stranddistel blüht an der Ostseeküste etwa von Juni bis August.

Der Sanddorn gehört zu den wenigen Pflanzen, die auf Dünen gedeihen können.

Brutvogelarten wie Neuntöter und Karmingimpel bieten die schier undurchdringlichen Gebüsche hervorragende Nistmöglichkeiten. Im Mai ertönt aus den Dickichten das Schlagen des Sprossers – der Nachtigall des Nordens. Seit vielen Jahren hat hier auch ein Seeadlerpaar seinen Horst.

Zur Boddenseite hin wird das Relief flacher. Zwischen Strandseen und feuchten Senken treten höher gelegene Strandwälle hervor. Kiefern überwiegen auf den trockeneren Standorten, hier entfalten sich auch prächtige Wacholderbestände. Auf ehemaligen Mooren und Strandseen sowie auf flacheren Strandwällen dominieren Birken. Hier findet der seltene Fischotter geeignete Lebensräume. Auf der Boddenseite suchen im Herbst oft tausende Gründel- und Tauchenten sowie Gänse und Säger Schutz und Nahrung in den ruhigen, eisfreien Buchten. Auch aufgrund ihrer Wichtigkeit für Wasservögel wurde ein Großteil der an die Halbinsel Bug angrenzenden Wasserflächen als Kernzone des Nationalparks Vorpommersche Boddenlandschaft ausgewiesen.

Naturschutzgebiet Nordwestufer Wittow und Kreptitzer Heide

Wo der Nationalpark Vorpommersche Boddenlandschaft auf Wittow am Buger Hals an Bodden und Meer seine natürlichen Grenzen findet, schließt sich das **Naturschutzgebiet Nordwestufer Wittow und Kreptitzer Heide** an. Wer das Wirken der Naturgewalten unmittelbar erleben will, ist hier genau richtig. An der Nordküste der Halbinsel Wittow halten die nacheiszeitlichen Prozesse des Küstenausgleichs bis heute unvermindert an: Sturmhochwasser verbunden mit starker Wellenbewegung erodieren die Kliffe, parallel zur Küste verlaufende Meeresströmungen transportieren das heruntergebrochene Material zu den Nehrungsgebieten. Der jährliche Küstenrückgang ist beachtlich. Neben dem Steilufer sind vor allem die aktiven Kliffranddünen mit einer Höhe von bis zu vier Metern sehenswert. Die Kreptitzer Heide als verbliebener Rest einer ehemals weitläufigen Heidelandschaft vermittelt das Bild einer weitgehend verschwundenen Kulturlandschaft. 2006 wurde die Außenküste von **Dranske** über **Lancken** bis **Kreptitz** in einer Größe von knapp 100 Hektar – davon 50 Hektar Wasserfläche – als Naturschutzgebiet

Das Nordwestufer von Wittow zeigt aus der Vogelperspektive seinen besonderen Reiz.

Der Zug der Kraniche lässt sich im Naturschutzgebiet Nordwestufer Wittow und Kreptitzer Heide besonders gut beobachten.

ausgewiesen. Das Nordwestufer Wittows und die Kreptitzer Heide sind Teile des Schutzgebietssystems »Natura 2000« und darin als Fauna-Flora-Habitat-Gebiet (FFH) »Steilküste und Blockgründe Wittow« ausgewiesen.

In der Kreptitzer Heide, die über Jahrhunderte als Schafweide genutzt wurde, wurde 1990 die Beweidung zunächst eingestellt. Seit der Einzäunung dieser Fläche im Jahr 2005 wird die Heide wieder mit 30 bis 40 Gotlandschafen beweidet. Der Blockstrand (ein Strand mit Steinen von mindestens 20 Zentimeter Durchmesser) konnte seine raue Schönheit bis heute bewahren. Weil nur wenige Zufahrten und Wege vorhanden sind, ist die Zahl der Badegäste hier selbst im Hochsommer überschaubar. Könnte der Gast in den Flachwassergebieten zwischen den Block- und Steingründen abtauchen, dann wäre eine spannende Unterwasserwelt zu erleben. An den Steinen haften Blasen- und Zuckertang sowie Meersaiten und Miesmuscheln, die es hier in großer Zahl gibt. Ihre Muschelbänke bilden eine wichtige Nahrungsgrundlage für rastende und überwinternde Meeresenten – beispielsweise Eider- und Eisente, Samt- und Trauerente.

Darüber hinaus ist die **Nordwestküste Wittows** eine wichtige Leitlinie für den Vogelzug. Alljährlich im Herbst findet hier ein Naturschauspiel statt: der Zug der Kraniche. Die »Vögel des Glücks«, die ihre Hauptverbreitungsgebiete in Skandinavien und Osteuropa besitzen, fliegen im Spätsommer und

An der Ostseeküste Wittows finden sich zahlreiche Steine, die darauf warten, gesammelt zu werden.

Frühherbst über die Ostsee nach Rügen. Nach ihrem Flug über das Meer treffen sie an warmen sonnigen Herbsttagen zwischen Kap Arkona und Dranske – ganz genau über dem kleinen Örtchen Lancken – wieder auf festen Boden. Bis Ende Oktober halten sich bis zu 75 000 Kraniche am Rastplatz **Rügen-Bock-Region** auf, der auch die Landstriche des vorpommerschen Festlandes umfasst. Im Herbst können an der Nordwestküste Wittows außerdem große Schwärme durchziehender Greifvögel, Möwen, Seeschwalben, Gänse und Enten, aber auch viele Singvögel beobachtet werden. Vögel, die hier brüten, sind unter anderem Karmingimpel, Neuntöter und Sperbergrasmücke. Durch die vielen aktiven Steilküstenbereiche haben Uferschwalben gute Bedingungen, ihre Bruthöhlen zu errichten. Der Sandmagerrasen der Kreptitzer Heide ist nicht nur Standort für Pflanzen wie Sandsegge, Silbergras, Sandstrohblume und Grasnelke – er ist auch Lebensraum für zahlreiche Insekten, darunter mehrere Hummelarten.

Mohn und Windflüchter erschaffen eine schöne Bildkomposition.

Schwarbe

Etwa in der Mitte der knapp 25 Kilometer langen Nordküste Rügens liegt das lang gestreckte, schmale Waldgebiet der **Schwarbe**. In der gehölzarmen Landschaft der Halbinsel Wittow ragt das Gebiet, dessen Breite zwischen 100 und 700 Meter schwankt, markant heraus. Die Länge der Schwarbe beträgt etwa 4,5 Kilometer. Dem Waldgebiet am Westrand der Schwarbe schließen sich die kleinen Ortschaften **Nonnevitz** und **Bakenberg** an, wo in den Küstenwäldern Campingplätze zu finden sind. Im Süden wird das Gebiet auf der gesamten Länge von Feldern begrenzt. Diese Landschaft am Meer hält nicht nur einen freien Blick über die Ostsee bis hinüber zur dänischen Insel **Møn** bereit, sondern bietet auch sandige Steilküsten mit einer Vielzahl von Brutröhren der Uferschwalbe. Europas kleinste Schwalbe hat hier mit Blick auf die Weiten der See einen Logenplatz inmitten der Natur und kann zweimal im Jahr ihre Jungen großziehen. Bei intensiven Untersuchungen wurden im Wald der Schwarbe sowie in den angrenzenden Uferbereichen und Steilküsten knapp 1000 Brutpaare aus 64 Vogelarten registriert. Zu jenen Arten, die hier brüten und ihre Jungen aufziehen, gehören unter anderem Buchfinke, Ringeltauben, Goldammern, Zaunkönige, Tannenmeisen, Singdrosseln, Gelbspötter, Waldbaumläufer, Neuntöter, Waldkäuze, Habichte und Buntspechte. Auch ein Seeadlerpaar hat im Wald der Schwarbe seit mehr als zwei Jahrzehnten seinen Horst.

Die geselligen Uferschwalben graben Gänge in das im oberen Bereich weiche Kliff, um dort zu nisten.

Der Küstenwald der Schwarbe zeigt auch im Winter seine anmutige Schönheit.

Die männliche Goldammer trägt während der Brutzeit ein gelbes Prachtkleid.

Naturschutzgebiet Nordufer Wittow mit Hohen Dielen

Das spitz zur Küste verlaufende Waldgebiet der Schwarbe geht im östlichen Bereich in den eindrucksvollen Küstenabschnitt nach **Varnkevitz** über. Hier befindet sich in Tuchfühlung zu den rauschenden Wellen der Ostsee ein Parkplatz, von dem aus ein direkter Zugang zum **Nordstrand** bei Varnkevitz besteht. Dort schließt sich etwas weiter nördlich das Naturschutzgebiet **Nordufer Wittow mit Hohen Dielen** an. Dieses Areal hat nicht nur mit Blick auf seine reichhaltige Naturausstattung viele Besonderheiten zu bieten, denn es ist das einzige Naturschutzgebiet der Insel Rügen, das sich im Besitz einer Kommune befindet. Die Gemeinde **Putgarten** zeichnet seit Jahren für das Schutzgebiet verantwortlich, pflegt und sichert es. Von den malerischen Ufern hoch über der Ostsee lassen sich neben zahlreichen Zugvögeln und Wintergästen wie Eiderenten, Eisenten, Prachttaucher und Trottellummen auch seltene Meeressäuger wie die Kegelrobbe beobachten. Auch an Land ist dieses Naturschutzgebiet zwischen Spülsaum und Klifffuß einen Besuch wert, denn hier befindet sich ein Blockstrand, der mehrere hundert Meter lang ist. Charakteristisch für diese Landschaftsform sind Pflanzenmatten aus Moosen und Strandgewächsen, die die Steine am Ostseestrand nicht nur überziehen, sondern diese stellenweise auch eng umwachsen. Die gesamte Nordküste Wittows wird einerseits von Hanglagen und Steilküsten (etwa 5 bis 30 Meter hoch), andererseits durch unterschiedlich breite Strände (3 bis 60 Meter breit) zum Meer hin begrenzt.

Kap Arkona

Im Norden Rügens gibt es einen Ort, der als Deutschlands Nordkap bekannt geworden ist: das **Kap Arkona**. Hier befinden sich mit dem Schinkelturm und dem Neuen Leuchtturm nicht nur zwei Wahrzeichen von Deutschlands größter Insel, sondern auch eine außergewöhnliche Landmarke: der **Gellort**. Diese Stelle in der Nähe vom Kap Arkona markiert den nördlichsten Punkt der Insel Rügen. Gekennzeichnet wird der Ort von einem der größten Findlinge Rügens: dem **Siebenschneiderstein**. Der gewaltige Granit, der mit der letzten Eiszeit an seinen heutigen Liegeplatz geschoben wurde, trägt diesen Namen, weil auf ihm – dem Volksmund nach – sieben Schneider Platz zum Nähen hätten. Der Gellort ist ein Platz für besondere Naturbeobachtungen, denn seit einigen Jahren lassen sich hier von Januar bis März im Wasser schwimmende

Das Kap Arkona gehört zu den Hauptsehenswürdigkeiten Rügens und ist als verkehrsberuhigte Zone ausgewiesen.

Große Findlinge am Nordufer Wittows werden von den Wellen umspült.

Kegelrobben beobachten. Die seltenen Meeressäuger, die auf Rügen um 1900 ausgerottet wurden und seit 2006 ihre früheren Lebensräume aus eigener Kraft zurückerobern, folgen in der kältesten Zeit des Jahres dem Frühjahrshering, der zum Laichen in die Boddengewässer der Insel Rügen sowie in den Strelasund (den Meeresarm, der Rügen vom Festland trennt) schwimmt. Nahe dem Gellort lassen sich außerdem viele See-, Wasser- und Watvögel beobachten – beispielsweise Silber- und Mantelmöwen, Eis- und Eiderenten, Pracht-, Stern- und Haubentaucher sowie Meerstrand- und Flussuferläufer. Auch die seltene Weißkopfmöwe kann hier mit etwas Glück entdeckt werden.

Vom Gellort, dem nördlichsten Punkt Rügens, aus können mit etwas Glück die scheuen Kegelrobben beobachtet werden.

Wittower Hochufer

Hoch über der Ostsee führt ein Uferweg über die Inselorte **Vitt**, **Goor** und **Nobbin** bis nach **Drewoldke**. Jederzeit sind hier freie Blicke über die große Meeresbucht **Tromper Wiek** möglich. Auch See- und Wasservögel, Seeadler und Sperber sowie Wander-, Turm- und Baumfalken können hier beobachtet werden. Mit etwas Glück erhascht der aufmerksame Wanderer einen Blick auf die scheuen Fischotter. Um das Treiben der Wassermarder verfolgen

Sichtungen von Sperbern (links) und Seeadlern (rechts) sind etwas ganz Besonderes.

Eine Gruppe von Schwänen hat sich vor dem Wittower Hochufer versammelt.

zu können, sollte er in Höhe der Ortschaft Goor auf kleine Trampelpfade und Höhlen im Steilhang achten und sich in der Nähe dieser Stellen ruhig verhalten. Da Fischotter vielerorts tagaktiv sind, lassen sich die ansonsten sehr zurückgezogen lebenden Tiere am Wittower Hochufer bei bestem Licht beobachten. Mit etwas Glück laufen die flinken Tiere sogar bis zur Ostsee hinab, um ein paar Runden in Ufernähe zu drehen.

Wieker Bodden und Breeger Bodden

Während Wittow im Norden mit der Ostsee eine natürliche Begrenzung hat, wird Rügens »Windland« im Süden von zwei Boddengewässern eingerahmt – vom **Wieker Bodden** auf der linken und vom **Breeger Bodden** auf der rechten Seite. Beide Gewässer laufen durch die in Richtung Süden immer schmaler werdende Halbinsel spitz aufeinander zu und fließen schließlich im **Rassower Strom** zusammen. Auf dem engen Durchfluss verkehrt die **Wittower Fähre**, die Menschen und Fahrzeuge der Halbinsel zur **Trenter Platte** oder umgekehrt schippert. Auch wenn in harten Wintern mit langen Frostperioden die flachen Boddengewässer oftmals komplett zufrieren, bleiben im Bereich der Wittower Fähre einige Gewässerbereiche eisfrei: einerseits durch die starke Strömung im Rassower Strom, andererseits durch die Fahrbewegungen des Fährschiffes. Diese eisfreien Stellen ziehen Wasservögel wie Schwäne, Gänse, Enten und Rallen magisch an. Die Vögel machen ihrem Namen alle Ehre und sind ganzjährig an das nasse Element gebunden. Wo

Von oben kann man den Wieker und den Breeger Bodden gleichzeitig sehen.

in der kältesten Zeit des Jahres so viele Wasservögel an einer Stelle zusammenkommen, sind auch Seeadler nicht weit. Europas größter Adler lauert in den Wintermonaten an der Wittower Fähre auf leichte Beute, sucht die Eisflächen der Boddengewässer nach verendeten Vögeln ab oder macht Jagd auf Blässrallen, die sich oftmals in großer Schar im Bereich des Rassower Stroms aufhalten. Mehr als 30 Seeadler wurden hier in den frühen Morgenstunden schon beobachtet. Im Bereich der Inseln Hiddensee und Westrügen wurden in strengen Wintern sogar über 100 Seeadler gezählt. Der Strom ist daher ein guter und verlässlicher Platz, um in den Wintermonaten auf Rügen Deutschlands größtem Greifvogel zu begegnen.
Beobachtungen von Wasservögeln gelingen im Bereich des Wieker Boddens auch in der steinigen Bucht von **Lancken**. Je nach Pegelstand ragen an dieser Stelle mehr oder weniger viele Steine aus dem Wasser. Diese trockenen Sitzplätze über den Wellen sind bei Küstenvögeln wie Möwen und Seeschwalben sowie Wasservögeln wie Schwänen, Enten und Gänsen sehr beliebt. Jedes Jahr im Spätsommer und Frühherbst versammeln sich in dieser Bucht zahlreiche Kanadagänse, die vom parallel zur Kreisstraße verlaufenden Radweg zwischen **Dranske** und **Kuhle** aus sehr gut beobachtet werden können. Auch der Seeadler legt hier regelmäßig einen Zwischenstopp ein. Nur 200 Meter von

Zahlreiche Wasservögel machen sich in der Abenddämmerung langsam für eine Nacht auf dem Bodden bereit.

In der Parkanlage
von Lancken hält
ein Graureiher nach
Nahrung Ausschau,
die er in der Regel
alleine sucht.

Die Wiesen vor dem Breeger Bodden sind mit rotem Klatschmohn übersät.

der Boddenbucht entfernt liegt am Ortseingang von Lancken eine altertümliche Parkanlage, in der sich die einzige Brutkolonie des Graureihers auf Wittow befindet. Inmitten der vielen Laubbäume stehen zwei Nadelbäume, auf denen bis zu zehn Graureiher-Brutpaare ihre Horste bauen. Größere Steine in Ufernähe gibt es im Wieker Bodden in Kuhle sowie entlang des Radweges von Kuhle nach **Wiek**. Bereits vom Fahrrad aus lassen sich eindrucksvolle Blicke auf Kanada- und Graugänse, Silber- und Mantelmöwe sowie Fluss- und Zwergseeschwalbe auf den Steinen erhaschen. Über dem Bodden ziehen in den Sommermonaten Fischadler und Raubseeschwalben ihre Kreise und gehen in den flachen Buchten auf die Jagd nach Fischen.

Auch am Breeger Bodden auf der gegenüberliegenden Seite der Halbinsel Wittow befinden sich interessante Plätze für die Vogelbeobachtung: Von der **Steinkoppel** nahe der kleinen Ortschaft **Lobkevitz** aus ist eine weite und reizvolle Sicht über den Breeger Bodden bis hinüber zur Halbinsel Lebbin möglich. Die flache Boddenbucht, die sich bis hinüber nach **Kammin** zieht, ist im Herbst ein beliebter Schlafplatz für Kraniche und Graugänse. Beobachtungen der Kraniche lassen sich am besten von den höher gelegenen Landschaften rund um Lobkevitz machen. Das Betreten des Wiesen- und Schilfbereichs am Bodden ist an dieser Stelle ohnehin verboten, da Kraniche an ihren Schlafplätzen durch das Bundesnaturschutzgesetz geschützt sind. Vor Kammin liegen mächtige Findlinge im Wasser, auf denen sich Seeadler, Großmöwen und Kormorane beobachten lassen.

Direkt vom **Hafen Breege** aus kann man gut mit den Fahrgastschiffen der Reederei Kipp in See stechen. Auf dem Weg zur Insel Hiddensee geht die Fahrt vorbei an den **Saalsteinen** und der kleinen **Schwaneninsel**. Dort versammeln sich je nach Wasserstand viele See- und Wasservögel. Auch der majestätische Seeadler nutzt einen dieser großen Steine oftmals für eine Pause mit dem weiten Blick über den Bodden. Bei der Fahrt von Breege nach Hiddensee erschließen sich dem naturkundlich Interessierten später auch Ausblicke auf die geschützten Bereiche des **Südbugs** auf Rügen und der **Bessine** auf Hiddensee. Hier geht die vom Aussterben bedrohte Zwergseeschwalbe auf Jagd nach Fischen und ist von Bord aus sehr gut zu entdecken.

Schaabe

Die **Schaabe** ist eine knapp zwölf Kilometer lange Nehrung, die entlang der Meeresbucht **Tromper Wiek** verläuft. Sie ist zwischen etwa 600 Meter und zwei Kilometer breit und stellt auf dem Landweg die einzige Verbindung zwischen den Halbinseln Wittow und Jasmund dar. Vom Meer aufgespült und geformt, bildet sie eine sichelförmige Begrenzung der Tromper Wiek und trennt auf der anderen Seite den Großen Breeger Bodden und den Großen Jasmunder Bodden von der Ostsee. Der fein aufgespülte Sand bildet eine riesige natürliche Badebucht, die durch die Ortschaften **Juliusruh** (Wittow) und **Glowe** (Jasmund) begrenzt wird. Bis auf eine Försterei in Höhe der Landmarke **Gelm** und der Hauptverkehrsader mit straßenbegleitendem Radweg

Ein Küstenstrandläufer trippelt über den feinen Sand der Schaabe.

Die Wälder der Schaabe nehmen einen großen Teil der Fläche der Nehrung ein und bieten zahlreichen Tieren Lebensraum.

ist die Nehrung im Norden Rügens unbebaut. Die Schaabe begann sich vor etwa 4500 Jahren zu bilden, als Rügen noch ein Inselarchipel war. Nur die Inselkerne – insbesondere auch Wittow und Jasmund – ragten damals bereits aus dem Meer heraus. Durch die Kraft der Meeresbrandung, verbunden mit einer anhaltenden Landhebung, wurden die Küsten dieser Inselkerne allmählich abgetragen und die Sedimente – durch die Meeresströmung verstärkt – zu Nehrungen aufgeschwemmt. Heute schützt eine zehn Kilometer lange und bis zu sieben Meter hohe Düne das Hinterland der Schaabe vor Sturmhochwasser. Durch eine aufwendige Bepflanzung der Dünen mit Strandhafer wird eine Stabilisierung dieser natürlichen Barrieren erreicht. Der angrenzende Küstenschutzwald, der eine Fläche von beinahe 170 Hektar hat, reicht bis zum südwestlich gelegenen Boddenufer. In den Wäldern der Schaabe leben neben zahlreichen heimischen Vögeln wie Seeadler und Mäusebussarde auch Rot- und Schwarzwild sowie seltene Amphibien und Reptilien – beispielsweise der Springfrosch und die Glattnatter, die auch Schlingnatter genannt wird. Außerdem haben hier auch Habichte und Sperber sowie Waldkäuze und Waldohreulen Rückzugsgebiete gefunden. Darüber hinaus sind im Küstenwald der Schaabe Begegnungen mit Bunt-, Schwarz- und Mittelspechten sowie Baummardern und Eichhörnchen keine Seltenheit.

Naturschutzgebiet Langes Moor

Das **Naturschutzgebiet Langes Moor**, das Bestandteil der Schaabe ist, umfasst eine Fläche von über 70 Hektar. Das Schutzgebiet stellt sich als ein teils spärlich bewaldeter, teils mit Schilf bestandener Landeinschnitt dar, der knapp fünf Kilometer von der Ortschaft Glowe entfernt in der Schaabe liegt. Damit grenzt das Lange Moor gleichzeitig an den **Großen Jasmunder Bodden**, der das Gebiet im südlichen Teil natürlich begrenzt. An dieser Stelle des Naturschutzgebietes findet auch der Wasseraustausch zwischen

Rothirsche zeichnen sich durch ein besonders eindrucksvolles und weitverzweigtes Geweih aus.

Moor und Bodden statt. Das Lange Moor gilt als Reich der Seeadler, denn seit vielen Jahrzehnten errichten Adlerpaare hier ihre Riesennester in starken Küstenkiefern. Ringeltauben und Eichelhäher durchstreifen die lichten Waldbereiche des Moores auf der Suche nach Nahrung. Rothirsche treten aus der Deckung, um sich in den überfluteten Bereichen des Langen Moores an frischen Trieben, Kräutern und Gräsern gütlich zu tun. Der Gesamtzustand dieses Naturschutzgebietes, das sich genau auf der Grenze zwischen den Rügener Halbinseln Wittow und Jasmund befindet, wird als allgemein gut eingestuft, da hier eine weitgehend ungestörte Entwicklung stattfindet. Das Naturschutzgebiet ist Teil des FFH-Gebietes **Nordrügensche Boddenlandschaft**. Entlang des Boddenufers führt ein Wanderweg, der Einblicke in das Lange Moor ermöglicht. Röhrichte, Riede und Flutrasen sind Bestandteil der Flora im Schutzgebiet. Typische Pflanzenarten sind auch Schilf, Binsenscheide, Gemeiner Froschlöffel, Schmalblättriger Merk sowie Schmalblättriges Wollgras, Moor-Labkraut und Sumpfblutauge. In den Randbereichen des Moores wächst Heidevegetation mit Krähenbeere, Heidekraut und Pfeifenkraut. Am Boddenufer treten kleinflächig Sandmagerrasen mit Sandsegge und Grasnelke auf. Brutvögel im Gebiet sind Kolkraben, Rotmilane und Rohrweihen. Neben Glattnattern leben im Langen Moor auch Kreuzottern und Ringelnattern sowie Gras- und Moorfrösche.

Wahrzeichen der Halbinsel Jasmund sind die Rügener Kreidefelsen. Ein Naturschatz, der Deutschlands größtes Eiland weltweit bekannt gemacht hat. Bis zu 120 Meter hoch ragen die weißen Steilufer über der Ostsee auf – gekrönt von alten Buchenwäldern, die seit 2011 zum Weltnaturerbe der UNESCO gehören. Natur pur, erhaben und würdevoll.

Das Landschaftsbild der Halbinsel Jasmund wird von eiszeitlichen Ablagerungen geprägt. Senken werden häufig von kleineren Seen eingenommen. In den sogenannten Kreideseen gibt es Naturschätze, wie sie nur noch hier zu finden sind. So gelten diese Gewässer als letzte und gesicherte Rückzugsmöglichkeiten des Edelkrebses. Diese Tiere, die auch den Namen »Flusskrebs« tragen, wurden in weiten Teilen Deutschlands vom amerikanischen Kamberkrebs verdrängt, den Fischer und Angler in heimischen Gewässern aussetzten und ansiedelten. Damit wurde das empfindliche Ökosystem dieser kleinen Biotope durcheinandergebracht – der Edelkrebs hatte vielerorts das Nachsehen und ist dort ausgestorben.

Der Edelkrebs kann bis zu 20 Zentimeter groß werden.

Ostseeküsten Glowe und Lohme

Die aktiven Steilufer der Halbinsel Jasmund, die sich eindrucksvoll an den Ostseeküsten von **Glowe** und **Lohme** entdecken und erleben lassen, stellen den größten geologischen Aufschluss Norddeutschlands dar. Aufgrund der sturmexponierten Lage Jasmunds sind die Steilufer bei Glowe und Lohme bis heute aktiv. Das heißt, dass es hier immer wieder zu Küstenabbrüchen

> Wer die Rügener Kreidefelsen auf Jasmund einmal selbst gesehen hat, versteht schnell, warum sie offiziell als Weltnaturerbe geadelt wurden.

Der Bestand der Kormorane hat sich in den letzten Jahrzehnten deutlich erholt.

und Abtragungsprozessen kommt. So verlagert sich die Küstenlinie allmählich immer weiter ins Hinterland und verhindert, dass sich eine Pflanzendecke ausbreitet. Hier sind daher ständig Gesteinsschichten aufgeschlossen, was für den geologisch interessierten Strandwanderer eine spezielle Bedeutung hat. Auch Fossiliensammler kommen an der Jasmunder Ostseeküste auf ihre Kosten, da größere Uferabbrüche für ständigen Nachschub zwischen Spülsaum und Klifffuß sorgen. So lassen sich hier neben versteinerten Seeigeln, Donnerkeilen und Bernsteinen auch immer wieder große Hühnergötter finden. Diese mächtigen Feuersteine, die in ihrer Mitte ein kreisrundes Loch besitzen, wurden früher von der Inselbevölkerung in die Vorgärten gestellt, mit Erde befüllt und bepflanzt. Weil dies vornehmlich in Rügens Hafenstadt geschah, tragen die riesigen Steine bis heute den Beinamen »Sassnitzer Blumentöpfe«. Da die Küsten zwischen Glowe und Lohme von Strandwanderern nicht sehr stark frequentiert werden, lassen sich hier See-, Wasser- und Watvögel gut beobachten. Wer in Glowe über den Kurpark ans Ufer der Ostsee gelangt, kann bereits von der eisernen Treppe, die hier zum Naturstrand hinabführt, verschiedene Küstenvogelarten entdecken. Große Steine im Flachwasser laden die Gefiederten zum Ausruhen und Verweilen ein. Kurz vor Lohme, bevor der Steinstrand am örtlichen Hafen endet, gibt es noch einen intakten Küstenwald, in dem mit Blick auf die See Kormorane brüten und der mächtige Seeadler seine Ansitzwarte am Meer hat.

Nationalpark Jasmund

Der **Nationalpark Jasmund** ist mit einer Fläche von rund 3070 Hektar Deutschlands kleinster Nationalpark. Er umfasst mit seinen ursprünglichen Buchenwäldern, Waldmooren, Bächen sowie dem Kreidekliff mit vorgelagertem Blockstrand und Ostseeschorre eine der spektakulärsten und meistbesuchten Naturlandschaften Deutschlands. Der **Königsstuhl**, der 118 Meter über der Ostsee aufragt, ist nicht nur der markanteste Felsen der Rügener Kreideküste, sondern auch Herzstück und Wahrzeichen der **Stubbenkammer**. Große Teile des Nationalparks Jasmund gehören als Fauna-Flora-Habitat-Gebiete zum europäischen Schutzgebietssystem »Natura 2000«. In Deutschlands kleinstem Nationalpark hat die Natur in allen Bereichen Vorrang. Sei es an der Kreideküste, in den Buchenwäldern oder auf den Freiflächen zwischen den üppigen Baumbeständen. Der Nationalpark Jasmund liegt zwischen der Halbinsel Wittow und der Rügener Bäderküste direkt am Meer. Dort befindet sich das Schutzgebiet auf der gleichnamigen Halbinsel im nordöstlichen Teil von Rügen.

Auffallend ist ein Höhenzug mit der höchsten Erhebung der Insel Rügen: Der **Piekberg** erhebt sich knapp über 160 Meter in luftige Höhen. Von der über 3070 Hektar umfassenden Gesamtfläche des Schutzgebietes entfallen 2455 Hektar auf Landflächen sowie 615 Hektar auf die Ostsee. Somit ergibt sich ein Land-Wasser-Verhältnis von 80 zu 20 Prozent. Die Küstenlinie des Nationalparks ist rund zehn Kilometer lang. Beinahe 2200 Hektar der Landfläche sind mit Wald bedeckt – die restlichen knapp 300 Hektar gliedern sich in Ufer und Kliffe, Moore, Wiesen, Äcker, Kreidebrüche und Kiesgruben sowie in Straßen und Siedlungen. Bereits zu Beginn des vergangenen Jahrhunderts nahmen sich Naturschützer dieser Landschaft an, als die Industrie hier Kreide im Tagebau gewinnen wollte. Der Landeskonservator Holzfuß aus Stettin stellte 1926 den Antrag, die Kreideküste zum Naturdenkmal zu erklären. Schließlich wurde am

Der Königsstuhl ist der berühmteste Vorsprung der Kreidefelsen im Nationalpark Jasmund.

17. März 1929 eine Polizeiverordnung für das Naturschutzgebiet Jasmund erlassen, der 1935 eine zweite Schutzverordnung folgte. Beide blieben auch nach dem Naturschutzgesetz der DDR von 1954 rechtskräftig.

Natur als Tafelsilber

Der heutige Nationalpark Jasmund wurde am 12. September 1990 mit 13 weiteren Gebieten dieser Art auf der letzten Sitzung des Ministerrates der DDR unter Schutz gestellt. Mit der Übernahme des Nationalparkprogramms in den Einigungsvertrag brachten die neuen Bundesländer ein nicht ersetzbares nationales und europäisches Naturkapital in das vereinigte Deutschland ein. Bis heute werden diese Kostbarkeiten der Natur als »Tafelsilber der deutschen Einheit« bezeichnet. Darüber hinaus wird seit 2011 auch den alten Buchenwäldern des Schutzgebietes auf Jasmund eine besondere Wertschätzung entgegengebracht, denn 492 Hektar des Buchenbestandes wurden durch die UNESCO zum Weltnaturerbe ernannt.

Wer Jasmund im Frühjahr besucht, wird eine ganz eigene Stimmung erleben: Beim Blick von den weißen Kreidefelsen des Nationalparks finden die scheinbar unendlichen Weiten der Ostsee am Horizont eine optische Grenze. Wellen plätschern an die Ufer der Halbinsel, umspülen gewaltige Steine, die sich wie Altäre aus dem Meer erheben. Über spitzen Kreidezacken ziehen lautlos einige Fledermäuse ihre Kreise. Sie nutzen die allmählich schwindende Dämmerung zu letzten Jagdflügen. Zahlreiche Bäume liegen über den Geröllstrand verstreut. Ihre Wurzeln haben in den zurückliegenden Monaten des Winters den Halt am Rande der Steilwand verloren: Werden und Vergehen im Nationalpark. Totes Holz wird von den Wellen der Ostsee im nächsten Sturm fortgerissen. Neues Grün erobert die Wälder der **Stubnitz** im einsetzenden Frühjahr. Warmes Licht, das sich an den harten Kanten der Kreidezacken bricht, trifft auf zerfurchte Kreidefelsen, arbeitet Risse und Rillen aus dem scheinbar einheitlichen Weiß heraus. Die Ostsee zu Füßen des Kreidekliffs nimmt allmählich eine smaragdgrüne Färbung an. Blaues Salzwasser vermischt sich mit dem Weiß

Ein Damhirsch mit geflecktem Sommerfell genießt im Nationalpark Jasmund die Sonnenstrahlen.

Die Blüten des Gelben Frauenschuhs (links) erinnern an einen Schuh oder einen Pantoffel. Rechts das Weiße Waldvöglein.

der Kreide, die in unzähligen Abbrüchen den natürlichen Weg ins nasse Element findet. Weiß, Blau, Grün – das sind die Farben des Nationalparks Jasmund im Frühjahr.
Besucher, die das scheue Damwild in freier Wildbahn beobachten möchten, haben in den alten Buchenwäldern des Nationalparks Jasmund gute Möglichkeiten. Wer sich auf einer Wanderung entlang des Hochuferweges nahe der **Waldhalle** langsam und leise bewegt, wird den Hirschen mit etwas Glück zwischen mächtigen Buchenstämmen begegnen. Dem Verlauf der schmalen Wege folgend, erlebt der Wanderer im Nationalpark ein ständiges Auf und Ab: Immer wieder gilt es, gewaltige Höhenunterschiede zu überwinden. Der Boden kann im Frühjahr noch recht feucht und glitschig sein. Lehm vermischt sich mit Kreide und Wasser. Festes Schuhwerk ist beim Wandern durch die Buchenwälder angebracht, denn oft geht es direkt neben den im Boden eingearbeiteten Tritthölzern hunderte Meter nach unten. Vielerorts wogt zu Füßen der großen Buchen ein Meer aus Buschwindröschen. In den Mooren gedeihen mit der einsetzenden Wärme seltene Pflanzen wie das Wollgras, der Fieberklee, der Sonnentau sowie ungewöhnliche Moose. Orchideen wachsen hier sowohl im Schatten mächtiger Buchen als auch auf trockenen Kreideschutthängen – beispielsweise die Orchideenarten Weißes Waldvöglein, Frauenschuh und Kleines Knabenkraut. Farbenfrohe Wildblumen in leuchtendem Weiß, faszinierende Kompositionen der Natur. In regelmäßigen Abständen laden Leitern dazu ein, einen Abstecher hinunter zur Ostsee zu machen. Auch von hier aus lassen sich die bizarren Kreidefelsen bestaunen. An der Nordküste des Nationalparks stößt der Wanderer

auf einen Blockstrand. Zwischen den Steinen gedeihen Salz-Binse, Salzmiere und Strand-Tausendgüldenkraut. Im Spülsaum der Ostsee kann auch einmal ein honigbraunes, zerbrechlich wirkendes Gebilde in der Sonne glitzern: ein Bernstein.
Kolkraben streichen im Übermut oft dicht an den Kreidefelsen entlang. Baumfalken schießen hinter einer Kreidespitze hervor, fliegen einige hundert Meter auf die Ostsee hinaus und kehren schließlich um. Wenig später sind sie im grünen Blätterdach der Stubnitz verschwunden. Auch der Seeadler hat hier seinen Horst: Regelmäßig lassen sich die gewaltigen Vögel über der freien Ostsee beobachten. Wenn sie nicht zwischen Steinstrand und offener See unterwegs sind, suchen sie ihre Beute im Zentrum der Insel Rügen, wo es die nahrungsreichen Boddengewässer gibt. Mantel- und Silbermöwen fliegen an der Küste der Stubbenkammer entlang und tauchen hier und da an den Kreidesteilwänden auf. Oft sind es gerade die weißen Großmöwen, die den herrlichen Ausblick auf das bizarre Kliff der Kreideküste mit ihrem Erscheinen komplettieren. Dann kann sich auch der letzte Zweifler sicher sein, direkt am Meer zu stehen. Mehlschwalben errichten jedes Frühjahr an den Kreidefelsen große Kolonien, indem sie ihre Nester einfach unter Vorsprüngen und Steinen im Kreidekliff errichten. Nur selten lassen sich auf Rügen die Vögel auf den Rücken schauen, doch von den hohen Kreidefelsen im Nationalpark Jasmund aus ist es möglich. Beobachter sollten sich an den **Wissower Klinken** oder an der **Ernst-Moritz-Arndt-Sicht** postieren und geduldig ausharren. Vorbeifliegende Kolkraben, Silbermöwen, Wanderfalken und Seeadler gleiten weit unterhalb des Zuschauers am Kreidekliff entlang und liefern gute Beobachtungsmöglichkeiten. Wenn es zwischen den Buchenstämmen knackt, dann sind Damhirsche, Wildschweine und Rothirsche in den Küstenwäldern unterwegs. Auch das Mufflon, ein Wildschaf, durchstreift die Weiten des Nationalparks Jasmund.

Naturschutzgebiet Wostevitzer Teiche

Sie sind kleine Perlen auf Rügen, die im gleichnamigen **Naturschutzgebiet Wostevitzer Teiche** auf der Halbinsel Jasmund liegen: Die südwestlich von **Mukran** gelegenen Wasserflächen wurden 1994 einstweilig sichergestellt. Mit dem später erteilten Status eines Naturschutzgebietes werden seitdem zwei Flachseen sowie Grünlandbereiche, Röhrichte, Riede, Weidengebüsche und Bruchwälder mit einer vielfältigen Amphibien- und Vogelfauna dauerhaft erhalten. Mit den Flächen, die die Seen umgeben, erreicht das Naturschutzgebiet eine Größe von etwa 320 Hektar. Die Schutzwürdigkeit dieses Gebietes besteht vor allem in der Strukturvielfalt seiner Vegetationseinheiten.

Die Wasserflächen der Wostevitzer Teiche mit den umliegenden Bereichen zeichnen sich durch eine vielfältige Flora und Fauna aus.

Ein Wachtelkönig ruft lauthals seinen unverwechselbaren Gesang in die Welt hinaus.

Diese Vielfalt ist zugleich Grundlage für das Vorkommen einer Vielzahl geschützter Tier- und Pflanzenarten. Mit Rohr- und Wiesenweihen, Wachtelkönigen, Tüpfelrallen, Kleinen Sumpfhühnern, Flussseeschwalben, Hohltauben sowie anderen Vögeln brüten zehn Arten im Schutzgebiet, die auf der Roten Liste stehen.

Ein Seeadlerpaar baut hier seit mehreren Jahren seine Riesennester an exponierten Stellen und zieht an wechselnden Standorten alljährlich seine Jungen auf – zuletzt 2014 und 2015 in einem Horst direkt an der Bahnstrecke zwischen Lietzow und Sagard nahe dem Bahnübergang Borchtitz.

Vom gegenüberliegenden Radweg aus kann man das Treiben am Adlerhorst beobachten, ohne zu stören. Auch Kraniche brüten im angrenzenden Wald- und Gründland der Seen und ziehen hier ihre Jungen auf. Die Wostevitzer Teiche können von Besuchern einerseits entlang des Südrandes auf einem Feldweg von **Staphel** bei Mukran kommend begangen und entdeckt werden – andererseits bestehen auf der Nordseite des Naturschutzgebietes von einer verkehrsberuhigten Betonstraße (Südstraße) aus Einblicke der besonderen Art. Die Wostevitzer Teiche sind zur Laichzeit der Brassen im Mai und Juni Nahrungsrevier für zahlreiche Seeadler – bis zu 45 Adler auf einmal wurden hier bereits gezählt. Von der **Südstraße** aus haben Beobachter den besten Blick auf die kahlen Adlerbäume inmitten des an die Seen angrenzenden Weidelandes. 12 bis 15 Seeadler auf einmal sind in der großen Pappel am Rande der Seewiese keine Seltenheit. Wanderer sollten in jedem Fall auf der Straße bleiben, denn die Wiesen hinter Zäunen und Gräben dürfen nicht betreten werden.

Großer Jasmunder Bodden

Der **Große Jasmunder Bodden** ist einer der größten Binnenbodden der Insel Rügen. Das Gewässer, das eine maximale Länge von etwa 14 Kilometern und eine durchschnittliche Breite von circa sechs Kilometern besitzt, ist bis zu sieben Meter tief. Das beinahe 60 Quadratkilometer große Gewässer grenzt an fünf weitere Gewässer, sodass sich die Gesamtwasserfläche auf über 94 Quadratkilometer erhöht. Der Große Jasmunder Bodden wird im Norden von den Halbinseln Wittow und Jasmund begrenzt, die durch die schmale Nehrung Schaabe miteinander verbunden sind. Im Süden begrenzt der Hauptteil der Insel Rügen – das **Muttland** – den Bodden. Im Osten existiert bei **Lietzow** über einen Ablauf eine Verbindung zum **Kleinen Jasmunder Bodden**. Die Trennung der beiden Bodden erfolgte erst 1869 durch Aufschüttung eines Dammes, auf dem bis heute der Hauptverkehrsfluss über die Bundesstraße 96 zwischen den Inselmetropolen Bergen und Sassnitz verläuft. Richtung Nordwesten geht der Große Jasmunder Bodden in den Breeger Bodden über.

Scheue Fischotter leben am Jasmunder Bodden.

Der Blick aus der Vogelperspektive zeigt den Lietzower Damm, der den Kleinen und den Großen Jasmunder Bodden voneinander trennt.

Aufgrund seiner großen Flachwasserbereiche ist dieses Gewässer im Herzen von Rügen sehr artenreich. Fischotter lieben die überhängenden Ufer und die ausgedehnten Schilfgürtel des Boddens. Neben zahlreichen Brutvogelarten wie Höckerschwänen, Gründelenten und Graugänsen wird der Große Jasmunder Bodden auch im Hoch- und Spätsommer sowie im Herbst von zahlreichen Zugvogelarten als Nahrungsquelle und Schlafplatz genutzt. So lassen sich entlang der Schaabe regelmäßig über dem Bodden jagende Fischadler und Raubseeschwalben beobachten. Auch Zwergmöwen gehören im Spätsommer zu den ornithologischen Besonderheiten dieses Lebensraumes. An der **Lietzower Schleuse**, die den Großen und Kleinen Jasmunder Bodden voneinander trennt, versammeln sich bei Flachwasser zahlreiche Graureiher, unter die sich regelmäßig auch Silberreiher mischen. Hinzu kommen Großmöwen, Kormorane, Enten und Gänse. Wenn die Flachwasserzonen nahe der Schleuse zufrieren, tummeln sich auf den Eisflächen der Bucht gleich mehrere Seeadler. Teile der Boddenufer, beispielsweise im Bereich des **Spyker Sees**, werden im Herbst von rastenden Kranichen als Schlafplatz genutzt.

Naturschutzgebiet Spyckerscher See und Mittelsee

Tausende Kraniche nutzen alljährlich im Herbst die ausgedehnten Flachwasserzonen des Großen Jasmunder Boddens, die nahe Weddeort – einer Ortslage der Jasmunder Gemeinde Glowe – in die Wasserflächen des **Naturschutzgebietes Spyckerscher See und Mittelsee** übergehen. Im Schutz der breiten Schilfgürtel von Bodden und Seen befinden sich jene Flachwasserzonen, die allabendlich von bis zu 6000 Kranichen aufgesucht werden. Die Vögel verweilen bis zum kommenden Morgen am Schlafplatz, indem sie im Stehen und vollkommen von Wasser umgeben schlafen. Mit einsetzender Dämmerung am Morgen brechen die Kraniche wieder zu den Nahrungsflächen auf der Insel Rügen sowie auf dem Festland von Vorpommern auf. Um sie im Bereich des Naturschutzgebietes Spyckerscher See und Mittelsee beobachten zu können, gibt es drei Möglichkeiten:

- Die Beobachtung der heranfliegenden Kraniche ist vom **Tempelberg** nahe der Jasmunder Ortschaft **Bobbin** aus möglich.
- Am Schlafplatz einfliegende Kraniche lassen sich aus großer Entfernung auch von der kleinen Brücke zwischen Spyker See und **Mittelsee** aus beobachten.
- Die »Rügener Kranichfahrten« führen vom **Hafen Breege** aus ganz dicht an den Schlafplatz der Kraniche heran. Von Bord des Fahrgastschiffes aus sind von Mitte September bis Ende Oktober die besten Beobachtungen einfliegender und am Schlafplatz stehender Kraniche möglich – und das, ohne die Tiere zu stören.

Die vorherrschenden Farben im Naturschutzgebiet sind Grün und Blau.

Bartmeisen (links), Krickenten (oben rechts) und Löffelenten (unten rechts) – sie alle profitieren von dem besonderen Status des Vogelschutzgebietes.

Darüber hinaus lassen sich beim Durchqueren beziehungsweise Flankieren des über 340 Hektar großen Naturschutzgebietes Spyckerscher See und Mittelsee auf den ausgewiesenen Rad- und Wanderwegen Ein- und Ausblicke auf einen schützenswerten Naturraum der Halbinsel Jasmund erhaschen. Dreh- und Angelpunkt der Vogelbeobachtung im Naturschutzgebiet ist die kleine Brücke zwischen Spyker See und Mittelsee, die sich auf dem Radweg zwischen den Ortschaften Glowe und Spyker mühelos erreichen lässt. Von hier aus können die Blicke des Naturfreundes weit über das Areal schweifen. Pfeif-, Löffel-, Schnatter- und Krickenten gehören hierbei zu jenen Vogelarten, die sich während des Vogelzuges im Herbst und Frühjahr sicher beobachten lassen. Hinzu kommen Raubseeschwalben, Silberreiher und Kraniche. Ganzjährig im Gebiet ansässig sind dagegen Seeadler, Graugänse, Höckerschwäne, Graureiher und Bartmeisen. Auch der seltene Fischotter stattet der Bodden- und Seenlandschaft nahe Glowe regelmäßige Besuche ab beziehungsweise ist hier ganzjährig ansässig.
Das Naturschutzgebiet ist nicht nur national, sondern als Teil des **FFH-Gebietes Nordrügensche Boddenlanschaft** sowie als **Vogelschutzgebiet Binnenbodden von Rügen** auch nach EU-Recht geschützt. Als besonders geschützte, vom Aussterben bedrohte sowie für Rügen seltene Tierarten

gelten in diesem Gebiet Eisvögel, Sprosser, Sperbergrasmücken, Kreuzottern und Wasserfrösche. Seltene Pflanzenarten sind Prachtnelke, Färberscharte, Aufrechte Trespe und Gemeine Sichelmöhre. Darüber hinaus gelten Spyckerscher See und Mittelsee als wichtige Laichgewässer für Fische wie den Flussbarsch, die Rotfeder, den Schlei, Hecht und Blei. Weiterhin sind sie Lebensraum für Aale, Flundern und Kaulbarsche.

Naturschutzgebiet Roter See

Den Abschluss der Schutzgebiete im Rahmen der naturkundlichen Studienreise über die Halbinsel Jasmund bildet das **Naturschutzgebiet Roter See** nahe Glowe. Das etwa 230 Hektar große Areal, das nahe der Jasmunder Ortschaft Glowe liegt und teilweise an den Großen Jasmunder Bodden grenzt, war früher Lebensraum des mächtigen Seeadlers – und das zu einer Zeit, in der Deutschlands größter Greifvogel und Europas größter Adler stark bedroht war. Hier gab es viele Jahre lang einen der letzten Horste des Seeadlers auf der Insel Rügen. Inzwischen ist das ortsansässige Seeadlerpaar vom Roten See zum Langen Moor umgezogen. Dennoch lassen sich die Vögel bis heute regelmäßig im Naturschutzgebiet beobachten. Die zum Gebiet gehörenden sandig-kiesigen Flachwasserbereiche sind nahezu flächendeckend vom Kamm-Laichkraut bedeckt. An den Ufersäumen wächst vereinzelt Schilf. Landseitig schließt sich nach einer rund einen Meter hohen Abbruchkante das Überflutungsmoor an, das stellenweise mit Sand überzogen ist. Typische Pflanzenarten sind hier

Gänsefingerkraut, Milchkraut und Grasnelke. In den sandigen Bereichen wachsen Borstgras, Heidekraut, Prachtnelke und vereinzelt Wacholder. Die höher gelegenen Strandwälle bestockt ein Wald aus Birken, Kiefern und Stiel-Eichen. Brutvögel im Gebiet sind Mäusebussarde, Waldohreulen, Rohrweihen, Kolkraben, Pirole und Kernbeißer. Zu den hier verbreiteten Arten der Kriechtiere und Lurche gehören Kreuzottern und Ringelnattern sowie Erdkröten, Spring-, Gras- und Moorfrösche.

Die Kreuzotter (oben links) ist eine Giftschlange, die bei Gefahr sofort flüchtet. Ringelnattern (oben rechts) und Erdkröten (rechts) leben ebenfalls im Naturschutzgebiet.

Der Mäusebussard brütet im Naturschutzgebiet Roter See.

Nach den landschaftlich abwechslungsreichen Halbinseln Wittow und Jasmund wäre anzunehmen, dass der Naturreichtum an der Rügener Bäderküste zeitweilig eine Pause einlegt – doch weit gefehlt. Nahe den Inselorten Mukran und Prora sowie in Nachbarschaft mondäner Seebäder wie Binz und Sellin gibt es eine abwechslungsreiche Natur zu entdecken.

»Hoher Himmel, weißer Sand, wie im Bogen schwingt das Land – begrenzt von wildem Strand.« Malerisch, idyllisch und nicht zuletzt poetisch präsentiert sich die Natur an Rügens Bäderküste. Auf Schritt und Tritt werden hier die Kraft des Meeres, die Stärke der Natur sowie ihre Vergänglichkeit deutlich. Auch an Rügens Bäderküste sind Begegnungen mit den Tieren des Waldes, des Meeres sowie der Wiesen und Heiden möglich. Reizvoll sind vor allem Naturwanderungen entlang des Hochuferweges zwischen Binz und Sellin sowie durch den Wald der Granitz in den Frühjahrs- und Herbstmonaten.

Naturschutzgebiet Schmale Heide mit Steinfeldern

Die **Feuersteinfelder** in der Nähe von Mukran gehören zu den großen Phänomenen der Insel Rügen. Sie sind einmalig an der deutschen Ostseeküste. Tausende Feuersteine, die aus dem Vorstrandbereich stammen, bilden ein steinernes Meer, das vor rund 4000 Jahren entstand und die wechselvolle Geschichte einer längst vergangenen Landschaft erzählt. Sie bilden den Kern des fast 200 Hektar großen Naturschutzgebietes auf der Landzunge **Schmale Heide**, das in einigen Teilbereichen bereits im Jahr 1935 unter Schutz gestellt wurde. Als vor rund 4000 Jahren der Meereswasserspiegel den der heutigen Ostsee etwas überstieg, wurden durch Sturmhochwasser bis zu zwei Meter hohe Geröllwälle auf bestehende Strandwälle aus Kies und Sand geworfen. Insgesamt 17 Geröllwälle bilden heute ein etwa 2500 Meter langes und 300 Meter breites Strandwallsystem, das sich bis maximal vier Meter über Normalnull erhebt.
Im Westen schließt sich an die Feuersteinfelder eine moorige Seesand-Ebene an: die **Blomer Weide**. 1995 wurde auch die Küstendüne vor **Mukran** als Naturschutzgebiet ausgewiesen. Bis Anfang des

Ein Mufflonweibchen und sein Lamm streifen über die Feuersteinfelder im Naturschutzgebiet Schmale Heide.

Die Mukraner Düne an der Prorer Wiek ist von Sanddornbüschen bewachsen.

Wiesenkuhschellen (oben) und Geflecktes Knabenkraut (unten rechts) sind typische Pflanzen im Naturschutzgebiet Schmale Heide. Unten links: Feuersteine.

Eine Feldlerche sucht sich ihren Weg durch den Schnee.

19. Jahrhunderts war die Schmale Heide eine waldlose, beweidete Heidelandschaft – ausgenommen der Steinfelder. Um 1840 begann die Aufforstung der Heide mit Kiefern. Seit Anfang der siebziger Jahre des 20. Jahrhunderts versucht die Naturschutzverwaltung, durch zwischenzeitliche Einrichtung eines Mufflon-Gatters sowie durch Rodungen von Kiefern den Gehölzaufwuchs zurückzudrängen. Zum bemerkenswerten Inventar dieses Schutzgebietes Schmale Heide gehört ein Mischwald mit alten Kiefern, Stiel-Eichen und Bergahorn. Auf den Feuersteinfeldern wachsen Wacholderbüsche, Hundsrose und Heidekraut sowie Heidel-, Krähen- und Vogelbeere. In den kalkreichen Sümpfen gedeihen seltene Pflanzen – beispielsweise Sumpfläusekraut, Natternzunge, Sumpf-Sitter und -Glanzkraut oder die seltenen heimischen Orchideen Fleischfarbenes und Geflecktes Knabenkraut sowie Moorglanzkraut. Auf den Feuchtteilen kommen unter anderem Mittlerer Sonnentau, Königsfarn und Glockenheide vor. Hervorzuheben ist auch der Bestand an Wiesenkuhschellen auf der **Mukraner Düne**, die sich landseitig an die lang gezogene Meeresbucht **Prorer Wiek** anschmiegt. Neben Kreuzottern sind auch die Bestände der Glattnattern, Sperbergrasmücken und Heidelerchen erwähnenswert.

Naturerbefläche Prora

Deutschland trägt für seine vielgestaltigsten Landschaften mit ihren Tier- und Pflanzenarten eine hohe Verantwortung. Um dieses Nationale Naturerbe auch für zukünftige Generationen zu bewahren, übergab die Bundesregierung vor einigen Jahren rund 125 000 Hektar national bedeutsamer Flächen an die Bundesländer, an die DBU Naturerbe GmbH und an Naturschutzverbände. Seit Herbst 2008 bekommt damit auch eine größere Fläche im Einzugsbereich der Rügener Bäderküste die Chance zu einem nachhaltigen Naturschutz: die **Naturerbefläche Prora**. Das gemeinnützige Tochterunternehmen der Deutschen Bundesstiftung Umwelt (DBU) möchte auf ihren rund 60 000 Hektar, für die sie in Deutschland verantwortlich ist, offene Lebensräume mit seltenen Arten durch Pflege bewahren, naturnahe Wälder möglichst ohne menschlichen Eingriff zu Wildnis entwickeln lassen, artenarme Forste in naturnahe Wälder überführen und Feuchtgebiete sowie Gewässer ökologisch aufwerten oder erhalten. Das ehemals militärisch genutzte Gebiet am Kleinen Jasmunder Bodden wird nun dauerhaft für den Naturschutz gesichert. Es umfasst unter anderem den Großteil der Landzunge Schmale Heide, auf der naturnahe Dünen,

Die Naturerbefläche Prora liegt zwischen Ostseeküste und Kleinem Jasmunder Bodden. Hier können seltene Tier- und Pflanzenarten leben und gedeihen.

Der Baumwipfelpfad im Naturerbe Zentrum Rügen führt in schwindelerregende Höhen.

Diese Käfer mit Namen Balkenschröter leben in der Naturerbefläche Prora.

Heidemoore, Erlenbrüche und Uferröhrichte einen Lebensraum für seltene Tier- und Pflanzenarten wie z. B. die geschützte Rohrdommel bieten. In den totholzreichen Laubwäldern wiederum finden Spechte und Fledermäuse eine Heimat.

Im 2013 eröffneten und von der DBU geförderten **Naturerbe Zentrum Rügen** können Besucher in einer Erlebnisausstellung an themenorientierten Bausteinen die Eigenheiten der Naturerbefläche kennenlernen. Der 1250 Meter lange Baumwipfelpfad mit interaktiven Stationen und der 40 Meter hohe Aussichtsturm in Form eines Adlerhorstes eröffnen neue Perspektiven auf Rügens Naturschönheiten – inklusive Ausblicke auf den Kleinen Jasmunder Bodden mit seinen Halbinseln Pulitz, Thiessow und Buhlitz sowie in anderer Richtung auf die Rügener Kreideküste sowie auf Mönchgut.

Ostseeküsten Binz und Sellin

Der Weg führt immer am Hochufer entlang – wahlweise auch durch den Wald: Wer **Binz** in Richtung **Sellin** verlässt, steht bald hoch über den letzten Villen des größten Rügener Seebades. Die schmucken Häuser mit den verspielten und geschwungenen Elementen der Bäderarchitektur scheinen sich förmlich in den Hang zu ducken und eins mit den mächtigen Stämmen des angrenzenden Küstenwaldes zu werden.

Das Kliff der Ostseeküste zwischen Binz und Sellin zählt zu jenen Steilufern der Insel Rügen, die am stärksten von der Abtragung betroffen sind. Dort kommt es an vielen Stellen zu Abbrüchen und Rutschungen. Geschiebemergel und -lehm quellen bei starker Durchfeuchtung, was zu Hangbewegungen führt. Der lockere Schmelzwassersand rutscht bereits dann hangabwärts, wenn am Fuß des Steilufers Sand weggespült wird. Die am Strand angehäuften Abbruch- und Rutschmassen werden später vom Meer abgetragen und weggespült. Auf diese Weise weicht die Küste hier stellenweise bis zu 70 Zentimeter pro Jahr zurück. So ergibt sich im stetigen Kreislauf der Natur ein Wechselspiel aus Abtragung und Anlandung, denn starke Strömungen, die parallel zur Küstenlinie verlaufen, nehmen den Schmelzwassersand und -kies mit. Der hier abgetragene Sand wird von den Wellen der Ostsee

Binz ist das größte Seebad auf Rügen. Das Kurhaus Binz (im Hintergrund) liegt direkt an der Strandpromenade und ist heute ein beliebtes Hotel.

Der Küstenwald zwischen Binz und Sellin ist bei Spaziergängern beliebt.

fortgeschwemmt und am Strand der **Baaber Heide** abgelagert. Er bildet den »Nachschub« für den Badestrand zwischen Baabe und Göhren. Sobald die Wellen Sand wegspülen, rutscht neuer von oben nach. Die ausgewaschenen Geschiebe stammen aus dem unter dem Sand lagernden Geschiebemergel. Am **Granitzer Ort** wird das geologische Herz der Insel sichtbar, das hier im Takt des Wellenschlags seit ewigen Zeiten schlägt. Der Blick geht weit in die vom Inlandeis gestauchte Endmoräne und zeigt eine Blockpackung, den Schmelzwassersand, den Geschiebemergel und -lehm sowie eine kleine Schreibkreide-Scholle; davor lagern Abbruchmassen. Weitere markante Landmarken, die im Bereich der Granitz die strikte Küstenlinie verlassen und sich optisch ein wenig hinaus aufs Meer schieben, sind der **Silvitzer Ort** und der **Quitzlaser Ort**. Von hier aus eröffnet sich eine freie Aussicht über die Weiten der See.

Naturschutzgebiet Granitz

An der Rügener Bäderküste liegt im Norden des Biosphärenreservates Südost-Rügen der bewaldete Höhenzug der **Granitz**, ein Bereich, der nicht nur zum Reservat gehört, sondern gleichzeitig auch ein Naturschutzgebiet ist. Die 1130 Hektar umfassende Granitz bildet meerseitig eine Steilküste und trägt landseitig nahe dem Jagdschloss Granitz den 107 Meter hohen Tempelberg und damit die höchste Erhebung Südost-Rügens. Nach Süden flacht die Hügelkette der Endmoränenlandschaft bis auf wenige Meter über Meereshöhe ab. Am **Schwarzen See** inmitten der Granitz lassen sich mit etwas

Wie die meisten fleischfressenden Pflanzen ist auch der Sonnentau besonders farbenfroh, um Insekten anzulocken. Seine Blätter sind mit Klebedrüsen besetzt.

Den Schwarzen See (rechts) in der Granitz besuchen verschiedene Vogelarten, so etwa dieser kleine Eisvogel.

Glück Eisvögel, Gänsesäger, Graugänse und Seeadler beobachten. Dieses Feuchtgebiet von internationaler Bedeutung liegt zwar in der Kernzone des Schutzgebietes, darf auf ausgewiesenen Wanderwegen jedoch besucht werden. Auf den geschützten Moorbereichen des 23 Hektar großen Sees wächst die fleischfressende Pflanze Sonnentau. Der Schwarze See ist ein bis zu 15 Meter tiefer Kesselsee, ein sehr seltener Gewässertyp auf der Insel Rügen, der durch eine Zwischenmoor- und Hochmoorbildung in den Randbereichen gekennzeichnet ist. Die Flora rund um den Schwarzen See, die sich teilweise als Schwingdeckenvegetation präsentiert, umfasst Torfmoose, Wollgräser, Fieberklee und Moosbeeren sowie eine Rosmarinheide. Kernstück des Sees ist ein in das Gewässer hineinragender Holzsteg, von dem aus sich die schönsten Aussichten auf die umliegende Flora und Fauna bieten. Trotz des schwarzen Untergrundes, der dem Gewässer seinen Namen einbrachte, ist das Wasser glasklar.

Seen im Küstenhinterland

Groß ist er, der **Selliner See**, dessen Westufer gemeinsam mit dem **Neuensiener See** und dem **Hügel bei Neuensien** ein über 230 Hektar großes Naturschutzgebiet bildet. Die Wasserflächen beider Seen bieten in den Herbst- und Wintermonaten einer Vielzahl von Wasservögeln und Wintergästen aus dem hohen Norden ein sicheres Feuchtgebiet zum Rasten und Ruhen. An manchen Tagen lässt sich hier fast die ganze Palette nordischer

Der Selliner See ist im Winter teilweise mit einer Eisdecke überzogen.

Das Breitblättrige Knabenkraut färbt die Wiese im Sommer violett.

Pfeifenten zählen zu den Wintergästen der Seen im Küstenhinterland.

An der Having liegen keine Ortschaften – umso schöner ist dort die Natur.

Enten- und Sägerarten beobachten – etwa Zwergsäger sowie Pfeif-, Tafel- und Reiherenten. Auch jagende Seeadler sind an den beiden Seen keine Seltenheit.

Am südlichen Ende des Selliner Sees liegt die **Baaber Bek** – ein schmaler Durchfluss, der den Selliner See mit der zwischen dem Hinterland der Rügener Bäderküste und der Halbinsel Mönchgut liegenden **Having** verbindet. Auf der Baaber Bek verkehrt ganzjährig eine kleine Ruderfähre, die Menschen und Fahrräder vom **Baaber Bollwerk** hinüber nach Moritzdorf oder umgekehrt bringt. **Moritzdorf** ist als Ortsteil der Gemeinde Sellin vor allem im Frühjahr und Sommer einen Besuch wert: An der Having, einem Boddengewässer, das in eine lagunenartige Bucht im **Rügischen Bodden** mündet, liegt eine natürliche Feuchtwiese, auf der durch die Nähe zum stillen und flachen Gewässer seltene Pflanzen wachsen. Ende Mai bis Mitte Juni blüht hier eine purpurfarbene Orchidee: das Breitblättrige Knabenkraut, das bis zu 50 Zentimeter hoch wird und als stark gefährdet gilt. Auf der Wiese blühen jedes Jahr hunderte Pflanzen dieser heimischen Orchideenart. In direkter Nachbarschaft gedeiht die Kuckucks-Lichtnelke, eine rosafarbene Wildblume. Die Nelkenart wird mit rund 90 Zentimetern Höhe deutlich größer als die Orchidee; auch sie blüht im Mai und Juni und ist in Mecklenburg-Vorpommern ebenfalls als stark gefährdet eingestuft. Außerdem ist hier noch die Natternzunge zu finden – eine seltene Pflanze aus der Gattung der Farne. Neben diesen Pflanzen ist die ruhig gelegene Landschaft an der Having auch für viele Vogelarten ein geeigneter Brut- und Lebensraum. So lassen sich hier beispielsweise Seeadler, Graureiher sowie viele Wasservögel beobachten.

Am Wanderweg von Moritzdorf nach **Seedorf** entlang des Ufers der Having befindet sich ein Gebiet, in dem Kreuzottern leben. Nahe Seedorf wurden in

den letzten Jahren wiederholt auch Fischotter nachgewiesen. Wer in Seedorf über die Brücke am Seglerhafen auf die andere Landseite wechselt, kann mit etwas Glück auf den großen, abgestorbenen und knorrigen Bäumen nahe **Preetz** Seeadler beobachten. Die Greifvögel steuern die erhöhten Aussichtspunkte in Wassernähe im Tagesverlauf immer wieder an, um auszuruhen, die Umgebung zu beobachten und nach Beute Ausschau zu halten. Besonders Vogelfreunde sollten von Preetz aus über **Gobbin** in Richtung **Neu Reddevitz** weiterlaufen – immer in Sichtweite zur Having. Am unteren Ende der kleinen Ortschaft Neu Reddevitz schiebt sich eine kleine Landmarke in die Having. Auf dieser schmalen Landzunge, die den Namen **Gobbiner Haken** trägt, sitzen im Wandel der Jahreszeiten viele See-, Wasser- und Watvögel.
Vor allem Kormorane, Großmöwen, Enten und Säger haben den trockenen Sitzplatz am Ufer der Having für sich entdeckt. Aus angemessener Entfernung lassen sich die Vögel hier mit Fernglas und Spektiv beobachten.

Naturschutzgebiet Schmachter See

Der **Schmachter See** nahe Binz entstand während der Eiszeit, denn hier befand sich eine Gletscherzunge; heute hat der See eine Wasseroberfläche von rund 120 Hektar. Vor etwa 5000 Jahren wurde das Gewässer durch die entstehende Nehrung Schmale Heide von der Ostsee abgeschnitten. Die einzige Verbindung zum Meer stellt heute der Entwässerungsgraben **Ahlbeck** dar, dessen abfließendes Wasser am Strand von Binz zu sehen ist. Dort halten sich gern Lach-, Sturm- und Silbermöwen auf, die hier – und auch ein Stück weiter an der Binzer Seebrücke – aus nächster Nähe betrachtet werden können. Durch natürliche Verlandungsprozesse wandelte sich der Schmachter See von einem Tiefwasser- zu einem Flachwassersee. Im Zentrum hat er heute nur noch eine maximale Tiefe von ein bis zwei Metern. Am und im See leben und gedeihen eine Vielzahl von Tier- und Pflanzenarten, wobei 40 Arten auf der Roten Liste gefährdeter Arten stehen. So kommen hier noch Vogelarten wie die Große Rohrdommel, der Drosselrohrsänger, die Graugans, der Gänse- und der Zwergsäger vor. Außerdem ziehen über dem Schmachter See auch See- und Fischadler ihre Kreise. Die Hänge des Gewässers sind überwiegend mit Buchenwald bedeckt. Dort findet der Gänsesäger geeignete Bruthöhlen in alten Baumstämmen. Am Fuß der Hänge befinden sich Sickerquellen. Zum See hin schließen sich Erlenbrüche und Sümpfe an. Das Ufer selbst besteht häufig aus Röhricht und Schwingmoorvegetation. Am nördlichen Ende grenzt der See an Binz, Rügens größtes Seebad. Hier befindet sich eine Promenade, von der aus sich weite Blicke über den See eröffnen. Auf dem Brückengeländer des in den See ragenden

Die schlanke Flussseeschwalbe ernährt sich unter anderem von Fisch, den sie geschickt durch Stoßtauchen ergattert.

Steges sitzen in den Frühjahrs- und Sommermonaten häufig Flussseeschwalben, denen Lachmöwen Gesellschaft leisten, die Binnengewässer bevorzugen. Das **Naturschutzgebiet Schmachter See und Fangerien** wurde 1994 unter Schutz gestellt.

Kleiner Jasmunder Bodden

Der **Kleine Jasmunder Bodden** ist ein Gewässer im Hinterland der Insel Rügen, das in direkter Nachbarschaft zu seinem größeren Bruder liegt. Nahe Lietzow wird dieses Gewässer vom Großen Jasmunder Bodden durch einen befahr- und begehbaren Damm mit Schleuse getrennt. Im Kleinen Jasmunder Bodden befinden sich drei in den Bodden ragende Halbinseln: **Pulitz** (140 Hektar), **Thiessow** (140 Hektar) und **Buhlitz** (120 Hektar). Sie haben nicht nur eine reichhaltige Naturausstattung zu bieten – sie tragen außerdem den Status eines Naturschutzgebietes. Zum **Naturschutzgebiet Pulitz** gehören neben der Pulitz-Halbinsel selbst auch die westlich gelegene Halbinsel **Altrügen** sowie die umliegenden Wasserflächen und Schilfgürtel der **Stedar-Bucht**. Orte in der Nähe sind **Stedar** und **Buschvitz**.

Richtet sich der heutige Blick auf die Vegetationsdecke dieser Areale, sticht die Halbinsel Buhlitz deutlich heraus: Während Pulitz und Thiessow mit fast drei Viertel Laubwaldanteil sowie 13 beziehungsweise 21 Prozent Nadelwaldanteil abseits der ufernahen Feuchtgebiete nahezu komplett bewaldet sind, besitzt Buhlitz einen Offenlandanteil von 20 Prozent. Vor 300 Jahren war das Offenland von Buhlitz noch größer. Zu dieser Zeit besaßen auch Pulitz und Thiessow wie überhaupt ganz Rügen beträchtliche Anteile an offenen oder halboffenen Weideflächen. Während auf Buhlitz die Entwicklung der Vegetation zu einem Wald seitdem durch ständige Nutzung wie beispielsweise als Truppenübungsplatz in Zeiten der DDR unterdrückt wurde, entwickelten sich auf Thiessow und Pulitz relativ ungestört von menschlichem Einfluss urtümliche Buchenwälder. So hat seit vielen Jahrzehnten in einer dieser mächtigen Buchen von Pulitz ein Seeadlerpaar seinen Horst. Als weitere Greifvogelarten brüten hier Rotmilane und Rohrweihen.

Der Kleine Jasmunder Bodden hat eine Fläche von beinahe 30 Quadratkilometern.

Mönchgut ist ein Landstrich im Südosten der Insel Rügen, der sich an das Meer auf der einen und die Binnengewässer auf der anderen Seite anzuschmiegen scheint. Die ungewöhnliche Halbinsel gilt als vielfältigste Landschaft Rügens.

Breite Sandstrände an der Außenküste, rauschende Schilfwälder am Bodden, abwechslungsreiche Steilufer an den Höften – Mönchgut besitzt eine lange, vielgestaltige Küste. Die insgesamt nur etwa 30 Quadratkilometer große Halbinsel verfügt über eine Uferlänge von fast 50 Kilometern. Kuppige Hügelketten mit Trockenrasen als Halbinseln zwischen Bodden und Meer. Weite, flache Salzwiesen und dichte Schilfgürtel an stillen Buchten. Breite Sandstrände mit Dünen und hoch aufragende Steilufer. Prächtige Buchenwälder und nach Harz duftende Kiefernheide – so zeigt sich Mönchgut. Was andernorts an der südlichen Ostseeküste jeweils für sich allein bewundert werden kann, liegt hier eng zusammen. So harmonisch, so abwechslungsreich aneinandergefügt ist die Landschaft nur auf Mönchgut. Wahrzeichen der Halbinsel ist die Stranddistel.

Der Überblick über Mönchgut zeigt die unmittelbare Nähe zum Wasser.

Naturschutzgebiet Mönchgut

Weil es auf der Halbinsel Mönchgut im Hinblick auf schützenswerte Landschaften und Wasserflächen eine Vielzahl von besonderen Arealen gibt, wurden diese gemeinsam als Naturschutzgebiet zusammengefasst und ausgewiesen. Zum insgesamt 2340 Hektar umfassenden Naturschutzgebiet am äußersten Zipfel des Rügener Südostens gehören das Südperd, Zicker, Lobber Ort, die Salzwiesen bei Middelhagen, der Schafberg bei Mariendorf, das Nordperd, das Göhrener Litorinakliff und die Baaber Heide sowie die Having und das Reddevitzer Höft. Mit Blick auf den Schutzstatus und die spezielle Naturausstattung dieser Gebiete kommt es im Südosten der Insel Rügen zu flächendeckenden Überschneidungen, denn weite Teile der schützenswerten Areale des Naturschutzgebiets Mönchgut sowie der angrenzenden Bäderküste sind seit 1990 auch Bestandteil der übergeordneten Schutzkategorie des **Biosphärenreservates Südost-Rügen**. Dass damit einige Gebiete der Insel Rügen gleich mehrfach unter Schutz gestellt wurden, mag den unbeteiligten Betrachter zunächst verwirren – bei näherem Hinsehen entpuppt sich das schier undurchdringliche Geflecht an Bestimmungen und Verordnungen jedoch als wirksamer Rettungsschirm ungewöhnlicher Natur- und Kulturlandschaften.
Von Göhren bis zum Reddevitzer Höft verläuft die südliche Randmoräne einer ehemaligen schmalen Gletscherzunge, die heute das Dünengebiet von Baabe und die lang gestreckte Wasserfläche der Having trägt. Jenseits dieser Randmoräne befindet sich die Hagensche Wiek, die nach Süden von den Zicker Bergen begrenzt wird. Im äußersten Süden des Schutzgebietes liegen die Inselkerne des Kleinen Zicker und des Südperds, die zwischen sich den Zicker See und mehr oder weniger ausgedehnte moorige Wiesenflächen haben. Während die Boddenseite mit tief einschneidenden Wieken aufwartet, schwingt die Außenküste in ganz flachen Bögen von Sellin über das Göhrener Nordperd und den Lobber Ort bis zum Thiessower Südperd.

Beweidung im Naturschutzgebiet Mönchgut

Baaber Heide

Herzmuscheln sind bei Sammlern besonders beliebt.

Die **Baaber Heide** ist eine nacheiszeitlich entstandene Seesandebene mit Resten von grobsandigen bis feinkiesigen Strandwällen, die nachträglich in unterschiedlicher Weise von Dünen überweht wurden. So entstand ein breiter Dünenfächer zwischen dem Höhenzug der **Granitz** und dem lang gestreckten **Göhren-Reddevitzer-Inselkern**, auf dem sich alle Dünenformationen mustergültig entwickeln konnten. Seeseitig, also unmittelbar am Ostseestrand, beginnt die rund 100 Meter breite Weißdüne. Da sie mit Strandhafer und Kiefern bepflanzt wurde, erfüllt die Düne wesentliche Funktionen des Küstenschutzes. Ihr folgt die relieffreie Graudüne. Den mit rund 1000 Meter breitesten Dünenstreifen bildet die Braundüne. Ihr Bildungsbeginn liegt mehr als 4000 Jahre zurück und der oberflächliche Boden besteht aus dunklem fossilem Podsol (»Ascheboden«). Es schließt sich eine weite Seesandebene an, die auch Strandwallserien aufweist, aber nicht von Dünen überweht ist. Infolge des in diesem Gebiet sehr hoch anstehenden Grundwassers treten Moore und Torfböden auf. Anschließend folgt eine uferbegleitende Röhrichtzone vom **Selliner See** bis an die **Having**. Im Süden wird die Baaber Heide vom **Göhrener Litorinakliff** begrenzt. Dieses rund 6000 Jahre alte Binnenkliff wurde einst vom Litorinameer – einem riesigen Brackwassermeer mit schnell steigendem Salzgehalt – gebildet.

Ostseeküsten Baabe und Göhren

An der Außenküste von Mönchgut befindet sich einer der schönsten Sandstrände Rügens. Auf der Boddenseite säumt weites und saftiges Weideland das Ostufer von Having und Selliner See. Um die Landschaften und die Tiere des Meeres entdecken und erleben zu können, bietet sich eine Tour von Baabe nach Göhren an der Wasserkante entlang an. Baabe, einst ein kleines Fischerdorf, liegt eingebettet zwischen Wald und **Mönchgraben** und erstreckt sich vom Außenstrand bis an die Boddenwiesen. Ein markanter Punkt in Baabe ist der **Fischerstrand**. Wer am Ostseestrand entlangwandert, hat Göhren bald vor Augen. Bereits aus weiter Ferne zu erkennen, schiebt

Am Baaber Fischerstrand kann man den Fischern bei ihrer Arbeit zusehen.

sich eine große Landmarke ins Meer: das **Nordperd**. Dazwischen sind es hauptsächlich Möwen und Seeschwalben, die den Spaziergänger begleiten. Während der Herbst- und Frühjahrswanderungen vieler Zugvögel sowie zur Winterrast nordischer Vogelarten erfährt die Ostsee zwischen Baabe und Göhren eine merkliche Belebung. Zwischen Spülsaum und Düne sind neben weiteren Küstenvögeln auch Watvögel unterwegs, beispielsweise Alpen- und Küstenstrandläufer, Sanderlinge und Steinwälzer. Auf den Wellen der Ostsee lassen sich neben Mittelsägern auch Eis-, Samt- und Trauerenten sowie Pracht- und Sterntaucher beobachten. Manchmal tauchen hier auch extrem seltene Vogelarten wie die Trottellumme und die Gryllteiste auf. Am Nordperd selbst sitzen auf großen Steinen in Ufernähe viele See- und Wasservögel.

Wer das Ganze von oben betrachten möchte, sollte das **Göhrener Höft** in Höhe des Salzweges betreten. Genau dort, wo dieser Weg unmittelbar an das Kliff heranführt, bieten sich vom sogenannten **Schafberg** fantastische Ausblicke auf die Küste der Insel Usedom mit dem Streckelsberg und dem Langen Berg sowie auf die kleine Insel **Greifswalder Oie** – auch »Helgoland der Ostsee« genannt. Eine Wanderung durch das Göhrener Höft bietet dem Naturliebhaber viel, denn uralte Bäume, bis in die Wipfel von Efeu umrankt, sind hier anzutreffen. Im Frühjahr ist der Waldboden mit einem Teppich aus Buschwindröschen und Leberblümchen bedeckt. Nach etwa einem Kilometer auf dem Salzweg erreicht der Wanderer die Hövtspitze – den östlichsten Vorsprung der Insel Rügen. Vor dem Göhrener Höft liegt nur rund 300 Meter

Ein kleiner Sanderling sucht im Spülsaum nach Nahrung.

vom Ufer entfernt der riesige Findling **Buskam**. Dieser gewaltige Stein ist rund 600 Kubikmeter groß und über 1600 Tonnen schwer. Damit ist er einer der mächtigsten Findlinge an der deutschen Ostseeküste. Der Stein ragt je nach Wasserstand bis zu eineinhalb Meter aus dem Wasser, viele Küstenvögel nutzen ihn daher als trockenen Sitzplatz an exponierter Stelle. Am Nordufer der **Hagenschen Wiek** gibt es einen markanten Hügel, der aus feinem hellem Schmelzwassersand besteht: das **Schafbergkliff**. Wasser und Wind arbeiten gemeinsam an diesem auffallenden Steilufer, das weithin über das Gewässer leuchtet und besonders bei Wanderungen über den Großen Zicker auffällt. Vom Schafberg aus, auf dem im Frühsommer Grasnelken, Habichtskraut, Ehrenpreis, Steinbrech und Hahnenfuß blühen, lässt sich auch der Beginn der Halbinsel Alt Reddevitz erkennen.

Lederblümchen stechen durch ihre kräftige Farbe ins Auge.

S. 86/87: Das Nordperd

Lobbe, Thiessow und Gager

Zwei kleine Inselkerne an der Außenküste von Mönchgut – der von Lobbe und der von Thiessow – werden durch eine breite, sandige Nehrung miteinander verbunden. Dieses völlig flache Gebiet, die **Zickerniss-Niederung**, erhielt seinen Namen von einem Seegatt, einem riesigen Meeresarm, der früher das Gebiet auf Höhe der Ortschaft Gager fast zerschnitt. Seeseitig liegt der Große Strand – mit mehr als vier Kilometern Länge Mönchguts wertvollster Badestrand mit Dünenwall und Küstenschutzwald. Boddenseitig erstrecken sich weite feuchte Wiesen. Diese Niederung ist eine Seesandebene, eine Aufschüttung des Meeres. Das absolut flache Gebiet steht in auffallendem Kontrast zu den Hügeln der beiden Inselkerne. An ihnen – am Südperd und am Lobber Ort – gibt es jeweils eine Steilküste.

Auf halber Strecke zwischen Göhren und Thiessow befindet sich **Lobber Ort**. Gekennzeichnet wird diese auffällige Landmarke durch ein senkrecht abfallendes Steilufer, das knapp 20 Meter hoch ist und aus Geschiebemergel und -lehm besteht. Wird das Ufer von den Wellen der Ostsee abgetragen, bleiben nur die großen Geschiebe zurück, die der Strandwanderer in der Steilwand erkennen kann. Auch der Sandstrand stammt von Lobber

Das Kap Lobbert Ort im Hintergrund hat seinen Namen von dem landseitig angrenzenden Ort Lobbe.

Ein Schwan macht sich in der Abenddämmerung für die sich nahende Nacht bereit.

Ort – vom sandigen Kliff auf seiner Südseite. An diesem Ort liegt ein gewaltiger Findling: Der **Fritz-Worm-Stein** ist der zweitgrößte Geschiebeblock auf Mönchgut. Dieser Stein aus Granit besitzt einen Rauminhalt von über 20 Kubikmetern, wiegt fast 70 Tonnen und stammt aus Schweden. Ebenso wie die kleineren Geschiebe in seiner Umgebung ist er irgendwann aus dem benachbarten Steilufer herausgebrochen.

Mit dem Steilufer bei Thiessow, dem **Südperd**, bricht der kleine Thiessower Inselkern nach Süden hin ab. Sein abwechslungsreich bewaldeter Hang war noch vor mehr als 100 Jahren ein aktives Kliff, das ausgesprochen stark von der Abtragung betroffen war. Der Bau einer großen Ufermauer stoppte die Erosion. Im Schutz zusätzlicher Steinmolen bildete sich sogar ein schmaler Sandstrand. So gibt es für durchziehende Vögel, die an den Küstenlinien landen, um auszuruhen und zu fressen, auch an der Südspitze der Halbinsel Mönchgut ein attraktives Gebiet zum Verweilen. Hier lassen sich das ganze Jahr über Küstenvögel in großem Artenreichtum beobachten. Thiessow selbst liegt zum großen Teil am westlichen Rand des sanft ansteigenden Inselkerns, der am bewaldeten, 36 Meter hohen **Lotsenberg** seine höchste Erhebung hat. Dort steht der **Lotsenturm**. Von diesem Aussichtsturm hat man einen fantastischen Rundblick über das südliche Mönchgut. Die Ufer zwischen dem Südperd und dem Thiessower Hafen zeigen sich durch Uferschutzmauern, Steinbuhnen und

Auch Feldhasen leben auf der Halbinsel Mönchgut, sie sind allerdings größtenteils dämmerungs- und nachtaktiv.

aufgespülten Sand stark vom Menschen beeinflusst. Da das Meer aber trotzdem an der Südspitze der Halbinsel Mönchgut beständig arbeitet, wirkt sie gar nicht so künstlich.

Im unteren Bereich des Nordabhangs der Zickerschen Berge liegt die kleine Ortschaft **Gager**. Wer vom örtlichen Hafen weiter in Richtung **Zickersches Höft** wandert, kann im Frühjahr und Herbst an den ruhigen Uferbereichen dieser Region auf seltene Zugvögel stoßen – beispielsweise auf das Odinshühnchen, einen Watvogel, der auf Rügen nur sehr selten anzutreffen ist und lediglich auf den Wanderungen einen Zwischenstopp auf der Ostseeinsel einlegt. Während des gesamten Weges hat der Betrachter von vielen Punkten einen reizvollen Ausblick auf das gegenüberliegende Ufer der Hagenschen Wiek und auf das Reddevitzer Höft. Am Rand des rund 300 Hektar umfassenden **Naturschutzgebietes Zickersche Berge** steht eine stattliche Eibe mit einem Stammdurchmesser von etwa 70 Zentimetern. Weiter führt der Weg am Nordrand des Zickerschen Höftes entlang. Immer

Die Steilküste der Halbinsel Klein Zicker ist nur wenige Meter hoch.

wieder eröffnen sich neue Ausblicke – beispielsweise auf die Ostküste der Insel Vilm, auf den Hafenort Lauterbach sowie auf die ehemalige Fürstenresidenz Putbus. Bald darauf lenkt der Weg fast im rechten Winkel ins Innere der Halbinsel. Nach wenigen hundert Metern weist ein Pfeil in Richtung **Swantegard** – dem westlichsten Punkt des Zickerschen Höftes – und zum **Nonnenloch**. Das rund 500 Meter südöstlich vom Swantegard gelegene Nonnenloch ist in die Sagenwelt Mönchguts eingegangen.

Klein Zicker

Ein guter Punkt für die Beobachtung von Vögeln auf Mönchgut ist die höchste Erhebung der Halbinsel **Klein Zicker**. Am Ende der gleichnamigen Mönchguter Ortschaft befinden sich sowohl ein Aufstieg zum Beobachtungspunkt hoch über dem Greifswalder Bodden als auch ein Abstieg hinunter zum Boddenufer. Hier gibt es in strengen Wintern einen spektakulären Eisaufschub zu sehen, bei dem durch die Kraft von Wasser und Wind Eisschollen übereinander geschoben und meterhoch aufgestapelt werden. Ganzjährig sind hier außerdem zahlreiche Wasservogelarten zu beobachten. Auch der Seeadler taucht hier regelmäßig auf und sucht die Ufer der Region nach Futter ab. Klein Zicker, die südlichste der drei Mönchguter Halbinseln, wird von einem kleinen rundlichen Inselkern gebildet. Dessen größter Durchmesser

Die Uferschwalbe baut sich ihre Bruthöhlen auf Klein Zicker.

beträgt nur etwa 0,75 Kilometer. Eine schmale, lang gestreckte Nehrung verbindet ihn mit Thiessow. Inselkern und Nehrung zusammen ergeben eine ungewöhnliche Form, die an eine Pfanne mit Stiel erinnert.
Während es im Süden und Westen der winzigen Halbinsel Klein Zicker in Abbruch befindliche Steilufer gibt, ist das nördliche Steilufer mit einem gemischten Hangwald bewachsen. Von den blumenreichen Trockenrasenhängen bietet sich ein wunderschöner Blick – Landschaft und Meer liegen dem Betrachter im wahrsten Sinne des Wortes zu Füßen. Da das Geschiebelehmkliff am **Gänurt** auf Klein Zicker nicht sehr hoch ist, kann sich der Strandwanderer alljährlich im Frühjahr und Sommer auf Augenhöhe mit einer besonderen heimischen Vogelart sehen: der Uferschwalbe. Die kleine Schwalbe gräbt einen 60 bis 80 Zentimeter tiefen Gang in das im oberen Bereich weiche Kliff. Am Ende dieser Röhre befindet sich eine Bruthöhle. Dort ziehen die Uferschwalben in Tuchfühlung zum Greifswalder Bodden in zwei Jahresbruten ihre Jungen auf. Im Spätsommer verlässt Europas kleinste Schwalbe die Landstriche des Mönchguts, um sich auf den weiten Weg ins afrikanische Winterquartier zu machen. Der aus der Grundmoräne hervorgegangene Lehm des Klein Zickerschen Kliffs setzt dem Wasser viel größeren Widerstand entgegen als lockere Schmelzwassersande. So entsteht oft ein senkrechtes Steilufer. Sandige Partien im Lehm werden von den Wellen des Boddens ausgespült. Dabei bilden sich kleine Brandungshöhlen. Das auffälligste Ufer auf der Halbinsel Klein Zicker ist das **Saalsufer**. Dieses fast 30 Meter hohe Steilufer an der Westseite der Halbinsel erhielt seinen Namen von den Saalhunden (Seehunden), die hier bis 1900 auf großen Steinen in Ufernähe ihre Ruheplätze hatten. Das Kliff besteht zum großen Teil aus lockeren Schmelzwassersanden einer Endmoräne. Sie setzen den vom Bodden

her anstürmenden Wellen kaum Widerstand entgegen. Daher unterliegt das Saalsufer einer ständigen Abtragung – das Land weicht immer weiter zurück. Durch das von starken Stürmen abgebaute und von parallel zur Küste verlaufenden Strömungen abtransportierte Material des Zickerschen Steilufers entstehen auf der anderen Seite der Halbinsel – am **Zicker See** – kleine Sandhaken. Diese winzigen, vom Bodden gebildeten sandigen Aufschüttungen gehören sowohl zu Klein Zicker als auch zu Groß Zicker. Von den aktiven Kliffen am Saalsufer und am **Zickerschen Höft** trägt das Wasser bei Weststürmen viel Sand ab. Der am Kleinen Zicker angewachsene Sandhaken wurde bereits in der Schwedischen Matrikelkarte von 1695 dargestellt – mit ungefähr der heutigen Größe. Für See-, Wasser- und Watvögel sind die ruhigen und vom Großen Jasmunder Bodden abgeschottet liegenden Flachwasserbereiche im Zicker See von großem Nutzen, denn die Küstenvögel können sich auf diese Weise wichtige Nahrungsquellen erschließen.

Groß Zicker

Die überaus reizvolle Landschaft der größten der drei Mönchguter Halbinseln, **Groß Zicker**, die zu den Zickerschen Bergen gehört, beherbergt die ausgedehntesten Trockenrasenbereiche der gesamten norddeutschen Küstenregion. Das großflächig wechselnde Farbenspiel verschiedener Pflanzengesellschaften ist immer wieder aufs Neue beachtlich. Neben den Stimmen der Dorngrasmücke und des Pirols und dem Gezirp der Feldgrillen ist im Frühjahr und Sommer ein überwältigender Lerchengesang zu vernehmen. Feld- und Heidelerchen schwingen sich in den Himmel über Mönchgut und lassen ihre vielstrophigen Lieder erklingen. Groß Zicker gilt als Höhepunkt der in ihrer Vielfalt und Schönheit insgesamt überreichen Mönchgutlandschaft. Eine große Anzahl von Kuppen und Kämmen, Senken und Tälern verleiht dem Höhenzug im Südosten Rügens ein ungewöhnlich bewegtes Relief. Mit je etwa 66 Meter Höhe sind der **Bakenberg** im Osten und der **Zickerberg** im Westen die höchsten Erhebungen auf dem Inselkern. Das imponierende Steilufer am Zickerschen Höft ist das höchste aller vorpommerschen Boddenufer und zeigt eine bemerkenswerte Dynamik. Wenn die hochsommerliche Wärme über der blühenden Landschaft von Groß Zicker steht, sind nur wenige Wanderer unterwegs. Die meisten Urlauber sonnen sich an den Sandstränden der Ostseebäder und ahnen nichts vom Blumenduft und Grillenzirpen auf den Hügeln. Die weiß blühende Schwalbenwurz ist eine Charakterpflanze auf dem Großen Zicker. Wenn die Schlüsselblumen am Zickerschen Höft blühen, ist Frühling. Abgelöst werden sie von den Blüten des Steinbrechs, des Kamm-Wachtelweizens und der Prachtnelke.

Die Landschaft der größten Halbinsel von Mönchgut erstrahlt im Frühjahr und Sommer farbenfroh.

Eine Wildbiene erfreut sich an einer der vielen Blüten, die für sie auf Groß Zicker im Angebot sind.

Die Blütezeit auf Groß Zicker ist für viele Besucher die schönste Zeit im Jahr.

Über die Fauna des Mönchguts ist noch wenig bekannt. Damit eröffnet sich künftigen Generationen von Wissenschaftlern und Biologen ein interessantes Forschungsgebiet, das es eingehend zu bearbeiten gilt. Einzeluntersuchungen weisen auf verschiedene Arten aus der Roten Liste hin – insbesondere aus der Klasse der Insekten. Die Trockenrasen in den **Zickerschen Bergen** sind Lebensraum für eine Reihe wärmeliebender Insekten – beispielsweise Furchen- und Kegelbienen sowie Gold- und Faltenwespen. Wichtig sind auch die breiten Schildgürtel an den Boddengewässern, die ausgezeichnete Brutreviere für Wasservögel darstellen. Südost-Rügen ist außerdem ein wichtiges Rastrevier für Zugvögel. Als eine Besonderheit müssen auch die Seegras-, Grün- und Rotalgenbestände in den küstennahen Bereichen des **Greifswalder Boddens** angesehen werden, denn sie markieren die größten Laichgebiete für den Ostseehering. Alljährlich zieht der »Rügensche Frühjahrshering« in großen Schwärmen aus allen Teilen der Ostsee zum Laichen in den Greifswalder Bodden und führt seit einigen Jahren auch Kegelrobben hierher.
Wichtig für den Erhalt der Landschaft auf der Halbinsel Groß Zicker ist die Beweidung mit Schafen. Ohne die Tiere, die die Vegetation kurz halten und den Boden mit ihren kleinen Hufen verdichten, bliebe diese faszinierende Landschaft auf Dauer keinesfalls so, wie sie jetzt ist und wie sie sich auch künftig präsentieren soll. Auch bei mildem Winterwetter weiden große Schafherden auf den Hügeln. Bei Frost und Schnee finden die Tiere in Ställen am Ortsrand von Groß Zicker ein geschütztes Quartier.

Alt Reddevitz

Ein schmaler Streifen Land, der als hügeliger Moränenrücken durch niedrige Steilufer gekennzeichnet ist und wie ein ausgestreckter, dünner Finger in den Greifswalder Bodden hineinragt, bildet Mönchguts westlichste Halbinsel: **Alt Reddevitz**. Vom einstigen Fischerdorf, auf dessen Höhe die nur wenige Meter breite Halbinsel beginnt, bis zu deren Ende sind es gerade einmal vier Kilometer. Das steile Nordufer von Alt Reddevitz zeigt sich fast überall bewaldet, das südliche Ufer ist flach und das südöstliche verschilft. Im Westen präsentiert sich das Areal steil abfallend. Landschaftlicher Höhepunkt auf der Halbinsel ist das **Reddevitzer Höft**. Dessen teilweise senkrechte Steilufer aus Geschiebelehm bilden eine für die vorpommerschen Boddenufer ungewöhnliche Szenerie – vergleichbar nur mit dem ganz in der Nähe liegenden **Gelben Ufer** von Klein Zicker und dem unmittelbar nördlich gelegenen Ufer von Neu Reddevitz.

Der fruchtbare Boden der Halbinsel Alt Reddevitz wird bis zum hintersten Zipfel bestellt. Daher reichen die Äcker auf beiden Seiten des Höfts bis an die Abbruchkanten der senkrechten Kliffe heran. Der nicht genutzte, ein bis zwei Meter breite Streifen dazwischen entspricht in etwa dem, was hier in einem Frostwinter abbrechen kann. Wenn die Sicht gut ist, ist bei einem Blick über den nördlichen Greifswalder Bodden in Richtung Westen am Horizont die Insel **Vilm** zu sehen. Auf den Wasserflächen rund um das Reddevitzer Höft tummeln sich zahlreiche Küstenvögel. Auf den Steinen am Höft sitzen Großmöwen, Kormorane und manchmal auch Seeadler. Das Steilufer am Reddevitzer Höft zählt zu den höchsten der senkrechten Kliffe aus Geschiebelehm im Ostseeraum. Eine Umrundung des Höfts an der Wasserkante entlang ist nur selten möglich, da selbst bei geringfügig erhöhtem Wasserstand der schmale Strand schnell überspült ist. Wie eine gewaltige Mauer steht der nordwestliche Eckpfeiler des Reddevitzer Höftes am Greifswalder Bodden. Der **Kasper Ort** ist eine weithin sichtbare Landmarke, die den südlichen und weitaus niedrigeren Teil des Steilufers – das **Lütthövt** – vor Wind und Wellen zu schützen scheint. Hier zeigt sich der Strandwanderer immer wieder von der ungewöhnlichen Vielfalt der nordischen Geschiebe beeindruckt: Hunderte verschiedene und farbenfrohe Gesteinsarten brachte das Eis aus Skandinavien und dem Ostseeraum mit, am Strand von Alt Reddevitz liegen die Gesteine alle durcheinander. Es

Die Blütezeit des Kamm-Wachtelweizens liegt zwischen Juni und September.

Ein Seeadler steht auf einem großen Stein am Reddevitzer Höft.

Küstenimpressionen auf der Halbinsel Alt Reddevitz

lohnt sich, sie genauer zu betrachten – am besten an einem nebelfeuchten Tag. Dann zeigen sie – nass und glänzend – ihre volle Schönheit. Am Südufer des Höfts wird das steile, überwiegend sandige Ufer nach Osten hin immer niedriger. Der von Weitem einladend wirkende Strand erweist sich aus der Nähe betrachtet als kaum begehbar. Da es auch keinen Weg längs der Kliffkante gibt, existiert hier noch ein Stück nur wenig berührter Natur. Auf den Hügeln nordöstlich des Ortes Alt Reddevitz wachsen die größten Bestände von Besenginster auf Rügen. Während der Ginsterblüte Ende Mai/Anfang Juni leuchten die Hügel in goldenem Gelb.

Südrügen

Südrügen vereint in seinen Oberflächen- und Küstenformen die landschaftlichen Besonderheiten der gesamten Insel Rügen in sich und stellt einen repräsentativen Ausschnitt des Küstenlandes Mecklenburg-Vorpommerns dar. Diese Region an Bodden und Sund ist mit kleinen Inseln, Buchten und Nehrungen ein Paradies für Wasservögel.

Zwischen der Hansestadt Stralsund und dem südlichen Ende der Insel Rügen fließt nicht nur der Strelasund. In diesem Bereich Rügens befinden sich außerdem einzigartige Landschaften sowie seltene Tier- und Pflanzenarten, die bereits seit vielen Jahrzehnten unter Naturschutz stehen. In einem Großschutzgebiet (Biosphärenreservat) sowie mehreren Naturschutzgebieten haben Pflanzen und Tiere überdauert, die andernorts längst verschwunden sind.

Der Sitz des Biosphärenreservates Südost-Rügen befindet sich in Putbus. Hier der »Circus Putbus«, der als letzter einheitlich ausgeführter Rondellplatz Deutschlands gilt.

Biosphärenreservat Südost-Rügen

Deutschland kleinstes Biosphärenreservat stellt auf der Insel Rügen einen besonderen Naturraum dar und umfasst die Küstenlandschaft Südost-Rügens mit der Halbinsel Mönchgut, der Granitz, der Umgebung von Putbus und dem Nordteil des Rügischen Boddens einschließlich der Insel Vilm. Im November 2014 hat das **Biosphärenreservat Südost-Rügen** die Überprüfung durch die UNESCO erneut bestanden und darf den Schutzstatus von internationaler Relevanz für weitere zehn Jahre behalten. Seit der vorletzten Evaluierung des Schutzgebietes im Jahr 2003 hat sich die Zusammenarbeit zwischen der Verwaltung des Biosphärenreservates und der Gemeinden im Großschutzgebiet deutlich verbessert. Dass der Status keine Einschränkung, sondern Entwicklungspotenzial für die Region bedeutet, hat sich in den Köpfen der Menschen inzwischen festgesetzt. Das Reservat wurde 1990 gegründet und ein Jahr später mit der Anerkennung durch die UNESCO in das weltweite Netz der Großschutzgebiete aufgenommen; sein Sitz ist heute in Putbus. Auf der Prioritätenliste aktueller Aufgaben für dieses Schutzgebiet steht eine Erweiterung des Biosphärenreservates auf die eigentliche Mindestgröße von 30 000 Hektar ganz oben.

Die Kulturlandschaft bei Lobbe ist Teil des Biosphärenreservates Südost-Rügen.

Die Kastanienallee von Lancken-Granitz auf dem Weg zum Jagdschloss Granitz erstrahlt in herbstlichen Farben.

Norddeutsches Tiefland

Mit dem Biosphärenreservat Südost-Rügen wurde ein repräsentativer Landschaftsausschnitt des Norddeutschen Tieflandes unter Schutz gestellt. Auf kleinstem Raum enthält das Reservat alle Landschafts- und Küstenformen des Küstengebietes von Mecklenburg-Vorpommern. Land und Meer sind eng ineinander verschlungen. Halbinseln, Landzungen und Küstenvorsprünge werden einerseits durch girlandenartige Landstreifen miteinander verbunden – andererseits durch Bodden und Buchten voneinander getrennt. Seine heutige Form erhielt der Nord- und Ostteil Rügens erst als Folge des letzten Gletschervorstoßes der Weichselkaltzeit vor rund 10000 Jahren. Nach Einbruch des Meerwassers in das Ostseebecken wurden die Endmoränen zu Inseln, die sich im Zuge von Küstenausgleichsprozessen über

Die nachtaktiven Siebenschläfer kann man im Biosphärenreservat Südost-Rügen beobachten.

Der auf der Insel Vilm lebende Waldkauz ist ein Höhlenbrüter.

Haken und Nehrungen zu ihrer heutigen Gestalt miteinander verbanden. Südost-Rügen weist auf engstem Raum eine außerordentliche Vielfalt der Natur und Landschaft auf. Ausgedehnte Buchenwälder und Gebüschzonen auf den Endmoränen, offene Niederungen und Boddengewässer prägen das Landschaftsbild. Steilküsten mit vorgelagerten Blockstränden und weitläufige Ausgleichsküsten mit breiten Sandstränden wechseln einander ab. Hier blieb eine vorindustrielle Kulturlandschaft erhalten, wie sie an der deutschen Ostseeküste sonst kaum mehr zu finden ist. Seit der Einwanderung steinzeitlicher Ackerbauern vor etwa 5000 Jahren hat der Mensch die Kulturlandschaft Südost-Rügens in zunehmendem Maße geprägt.

Insel Vilm

Ein Schatz inmitten des großen Reservates ist die kleine Insel **Vilm**. Sie liegt im südlichen Teil der Insel Rügen im **Rügischen Bodden**, ist zweieinhalb Kilometer lang, knapp 94 Hektar groß, erhebt sich bis 37,5 Meter über den Meeresspiegel und zeichnet sich durch eine für den südlichen Ostseeraum repräsentative Naturausstattung aus. Die Insel gliedert sich in drei Teile: Der Große Vilm (im Norden) und der Kleine Vilm (im Süden) sind durch den Mittelvilm – eine schmale, nehrungsartige Strandwallbildung mit eingeschlossenem Moränenkern – miteinander verbunden. Aktive Kliffe sowie junge Haken und Sandriffe zeigen, dass die Küstenausgleichsprozesse durch Abtragung einerseits und Anlandung andererseits auf der Insel bis heute andauern. Auf Vilm ist nahezu das gesamte Spektrum von Küstenformen der südlichen Ostsee entwickelt und von menschlichem Einfluss ungestört geblieben. Bemerkenswert sind Vorkommen von Leberblümchen, Lerchenspornen und Bärlauch in den Wäldern sowie von Stranddistel, Tataren-Lattich und

Die Buchenwälder auf Vilm bieten zu jeder Jahreszeit einen wunderschönen Anblick.

Bärlauch ist ein beliebtes Wildgemüse. Er kann bis zu 50 Zentimeter hoch werden.

Ein Rotfuchs hat es sich auf Vilm gemütlich gemacht.

Strandmiere an den Stränden. Die Tierwelt weist eine erstaunliche Vielfalt an Kleinsäugern, Vögeln, Reptilien, Amphibien, Weichtieren und Insekten auf. Hohle Bäume bieten Brutplätze für Schwarzspechte, Gänsesäger, Waldkäuze und Hohltauben. Brandgänse und Uferschwalben haben ihre Nisthöhlen ins Steilufer gegraben. Als größere Säugetiere kommen Rotfüchse, Rehe, Dachse sowie Stein- und Baummarder in den Wäldern der Insel vor. Kormorane und Graureiher fischen im Bodden und auch der Seeadler hat auf dem Eiland seinen Horst.

Auf den Wasserflächen rund um die Insel Vilm rasten im Herbst und Frühjahr tausende Tauch- und Schwimmenten sowie Säger, Schwäne, Gänse und Watvögel. Diese lassen sich bei einem Ausflug zur Insel bereits bei der Überfahrt vom Boot aus gut beobachten. Vilm ist zum größten Teil von Wald bedeckt. Die Buchenwälder auf dem **Großen Vilm** gehören zu den ältesten und wertvollsten Naturwäldern Norddeutschlands. Sie blieben seit vielen Jahrhunderten von forstlicher Nutzung verschont und sind seit 1990 als Totalreservat ganz der natürlichen Walddynamik überlassen. Die riesigen Rotbuchen haben teilweise ein Alter von 250 bis 300 Jahren. Die bizarr geformten alten Eichen zeugen von früherer Waldweide auf der Insel. Unter dem Schirm dieser Baumgestalten bildet die Hainbuche eine zweite Baumschicht und Jungwuchs von Bergahorn und Buche zeigt die Regeneration der historischen Hutewälder zum natürlichen Buchenwald an. Auf alten Strandwällen des **Mittelvilm** wächst ein Wald aus Birken und Stiel-Eichen, der mit gedrungenen, verschlungenen Stämmen sowie windgeformten Kronen ein markantes Bild aufweist. Auf früheren Sandmagerrasen haben sich Gebüsche und Pionierwälder entwickelt, in denen neben Schlehdorn, Weißdorn und Wildrosen vor allem Wildbirne und Holzapfel dominieren. Der **Kleine Vilm** am südlichen Ende der Insel bleibt als Totalreservat der Vogelwelt vorbehalten.

Jahrzehntelanger Schutz

Bereits 1936 wurde die Insel Vilm nach den Vorschriften des 1935 erlassenen Reichsnaturschutzgesetzes als Naturschutzgebiet ausgewiesen. Nur wenige Orte im dicht besiedelten Mitteleuropa vermögen ein so reines Naturerleben zu vermitteln wie dieses kleine Eiland im Rügischen Bodden. Zeitgleich mit der Zuweisung des **Naturschutzgebietes Insel Vilm** als Kleinod zum Biosphärenreservat Südost-Rügen im Jahr 1990 schlug hier die Internationale Naturschutzakademie als Außenstelle des Bundesamtes für Naturschutz ihre Zelte auf. Äußeres Umfeld und inneres Anliegen der Naturschutzakademie sind geradezu symbolhaft miteinander verbunden. Die gesamte Insel – mit Ausnahme des Siedlungsbereiches mit wenigen Häusern – bleibt als **Kernzone** (Schutzzone I) ganz der natürlichen Entwicklung überlassen. Das Eiland blieb nicht nur viele Jahrhunderte lang von zerstörerischen Eingriffen verschont, sondern ist zudem ein Ort, der dafür prädestiniert ist, erste Adresse einer Naturschutzakademie zu sein. Damit erhält die Insel eine Sonderstellung, die sowohl ihrer kulturhistorischen Bedeutung gerecht wird als auch die weitere ungestörte Entwicklung der Inselnatur gewährleistet und diese Fachbesuchern nahebringt. Mit über 300 verschiedenen Farn- und Blütenpflanzen ist die Flora der Insel Vilm sehr artenreich. Wer das Eiland im Rügischen Bodden besuchen möchte, kann dies im Rahmen einer geführten Wanderung mit einer Anmeldung über das Tourismusbüro Putbus tun. Empfehlenswert ist ein Besuch im Herbst, denn dann herrscht ein intensives Feuerwerk an bunten Farben auf der Insel.

Der auf Vilm vorkommende Schlehdorn wächst als Strauch oder kleiner Baum.

Naturschutzgebiet Schoritzer Wiek

Eines der letzten Rückzugsgebiete und Brutvorkommen des seltenen Gänsesägers im Küstenraum von Mecklenburg-Vorpommern befindet sich im **Naturschutzgebiet Schoritzer Wiek**, das eine Gesamtfläche von über 430 Hektar aufweist und 1984 unter Schutz gestellt wurde. Der Gänsesäger, der zu den Wasser- und Entenvögeln gehört, besitzt wie die beiden anderen Sägerarten unserer Breiten – Mittelsäger und Zwergsäger – sägeblattartige Hornplättchen am Oberschnabel. Damit sind die schnellen Unterwasserjäger bestens ausgestattet, um ihre glitschige Hauptbeute Fisch unter Wasser sicher und verlässlich packen zu können. In den alten Bäumen rund um die Schoritzer Wiek findet der Gänsesäger geeignete Bruthöhlen, denn dieser Vogel ist einer von wenigen Entenartigen, die im Schutz einer Baumhöhle brüten und ihre Jungen aufziehen. In diesem Zusammenhang ist auch das Vorkommen des Schwarzspechtes sehr wichtig, denn nur Europas größter Specht ist in der Lage, den Altbaumbestand mit entsprechend großen Bruthöhlen zu versehen. Da Schwarzspechte jedes Jahr eine neue Bruthöhle zimmern, gibt es für die »Altbauwohnungen« Nachnutzer – beispielsweise die Hohltaube und den Raufußkauz.

Unter Schutz gestellt wurden in der Schoritzer Wiek vorwiegend Wasserflächen, aber auch Teile der **Silmenitzer Heide**, des **Sandhakens Pritzwald**, der **Zickerschen Heide** sowie die gesamte Uferzone. Im Herbst rasten auf den ausgedehnten Wiesen der Heidelandschaft tausende Grau- und Blässgänsen. Aber auch Kanada- und Weißwangengänse sowie Singschwäne sind hier zu beobachten. Wenn bei Niedrigwasser große Teile der Wiek trockenfallen, suchen Watvögel wie Austernfischer, Kiebitzregenpfeifer, Uferschnepfen und der Große Brachvogel im Schlamm nach Kleinkrebsen, Würmern und Muscheln. Auf kleineren Inseln wie dem **Ruschspring** herrscht im Frühjahr ein reges Brutgeschehen. Schwäne, Enten, Gänse und Möwen haben

Die Kanadagans wurde nach Europa eingeschleppt und ist seit den 1970er Jahren als Brutvogel vertreten.

Im Naturschutzgebiet Schoritzer Wiek kann auch der Singschwan beobachtet werden.

hier ihre Gelege. Damit die für Küstenvögel günstigen Bedingungen bei Fortpflanzung und Rast weitgehend erhalten bleiben, sind auf den Gewässern des Naturschutzgebietes Schoritzer Wiek der Sportbootverkehr sowie das Surfen und Angeln nicht gestattet.

Insel Tollow

Auf dem Weg von Rügens ältester Stadt **Garz** zur Autofähre von **Glewitz** (Rügen) nach **Stahlbrode** (Festland) bietet sich in Höhe der Ortschaft **Groß Schoritz** ein guter Blick auf die weitläufigen Wasserflächen der Schoritzer Wiek. Hier lässt sich nicht nur der seltene Gänsesäger mit seinen Jungen beobachten – auch Ausblicke auf die kleine unbewohnte Insel **Tollow** sind möglich. Bevor dieses winzige Eiland inmitten der **Maltziener Wiek** an einen Privatmann verkauft wurde, der die letzten Bäume von der Insel entfernte, gab es hier eine größere Brutkolonie des Kormorans, die 1992 mit 2000 Paaren ihren Höhepunkt erreichte. Auch vor dem Abholzen der letzten Bäume durch Menschenhand ging der Brutbestand an Kormoranen immer weiter zurück, denn die wenigen Bäume auf dem winzigen Eiland starben durch den ätzenden Kot der fischfressenden Vögel ab, wurden morsch und brüchig und fielen schließlich um. Im Schutz der Kormoran-Kolonie zogen Stock- und Schnatterenten, Brand- und Graugänse, Silbermöwen sowie Mittel- und Gänsesäger ihre Jungen auf.

Halbinsel Zudar

Die im Süden Rügens liegende Halbinsel **Zudar** ist durch viele Sölle, die heute entweder trockenstehen oder mit Wasser gefüllt sind, gekennzeichnet. Sie entstanden durch mit Boden überlagerte Eisschollen: Das Eis schmolz unter dem Boden ab, die Erde sackte nach und zurück blieben Mulden – die Sölle. Das Land wurde im Lauf der Jahrtausende mit Gräsern, Sträuchern und Bäumen überdeckt. Im Osten der Halbinsel liegt das **Gelbe Ufer** – ein aktives Kliff mit einer Höhe von rund 16 Metern über Normalnull.

Das Luftbild zeigt die unbewohnte Insel Tollow, die nur etwa 300 Meter lang und 100 Meter breit ist.

Kormorane ernähren sich fast ausschließlich von Fisch.

Jahr für Jahr bricht und rutscht aus der Kliffwand Sand, Lehm, Geröll und auch Oberflächenbewuchs ab. Die leichteren Stoffe wie feinkörniger Sand und Humus werden vom Wasser abtransportiert und je nach Strömung beim Palmer Ort oder nördlich bei Pritzwald sowie weiter draußen im Bodden abgelagert. Auch bei der **Wüstung Neuhagen** am Ausgang des Strelasunds wird ständig durch Unterspülungen Land abgetragen. Selbst starke Eichen verlieren dort ihren Halt im Boden und stürzen schließlich ins Wasser, wo sie noch einige Zeit als Wellenbrecher die Dynamik der Küstenveränderung beeinflussen.

Palmer Ort und Gelbes Ufer

Bei einer Wanderung über Zudar, die auf der Westseite von **Palmer Ort** beginnt und über **Grabow** bis zum Gelben Ufer führt, sind mehrere schmale Strandabschnitte mit Seegrasablagerungen zu entdecken. Palmer Ort ist ein sandiger Haken. Ein gekennzeichneter Weg führt von hier durch ein Stranddistelareal bis zum Rand des Küstenwaldes. Auf der Strecke gibt es drei markierte Übergänge vom Strand durch den Wald auf Wegen durchs Grasland. Bis zum Gelben Ufer passiert der Naturfreund nicht nur mehrere steinige Strandabschnitte, sondern kann gelegentlich auch größere Findlinge sehen, die vor allem in der Abenddämmerung sehr imposant sind. Auf den Steinen und davor ruhen zahlreiche See- und Wasservögel – beispielsweise Kormorane, Höckerschwäne, Brandgänse und Gänsesäger sowie Silber- und Mantelmöwen. Von der Spitze aus nach Norden schließt sich das Gelbe Ufer an. Zwischen oberer Hangkante und Kiefernwäldchen

Das sogenannte Gelbe Ufer ist ein idyllischer Ort.

hat sich eine Trockenrasenfläche ausgebildet. Dieser Bereich sowie die Hänge des Gelben Ufers mit den Kolonien der Uferschwalbe stehen unter Naturschutz.
Der Strandabschnitt in diesem Gebiet liegt am Spätnachmittag im Schatten. An stillen Sommerabenden gibt es hier beeindruckende Licht- und Wetterstimmungen zu erleben, vor allem immer dann, wenn das schwächer werdende Licht über dem Wasser steht und die Blicke weit über den Greifswalder Bodden auf die besonnten Ufer von Mönchgut schweifen. Hier gibt es keine Übergänge vom Strand zu den Wegen ins Innere der Halbinsel. Äcker und unbegehbares Grünland reichen bis an Kliff und Strand heran. Dafür ist dieser Strandabschnitt sehr einsam, weshalb sich hier viele Küstenvögel wie Möwen, Watvögel, Schwäne und Kormorane aufhalten. Im Uferbereich gibt es weit ausladende Bäume, am Strand liegen größere und kleinere Findlinge – dort überall ruht der Seeadler gerne und lässt seinen stechenden Blick über den Bodden schweifen.

Naturschutzgebiet Vogelhaken Glewitz

Ein weiteres Vogelparadies in dieser Region der Insel Rügen sowie rund um die Halbinsel Zudar stellt das 85 Hektar große **Naturschutzgebiet Vogelhaken Glewitz** dar. Als äußerster Vorposten des weitverzweigten Areals aus Halbinseln, Landarmen, Nehrungen und Lagunen genießt dieses Naturschutzgebiet seit 1984 den Status eines Seevogelschutzgebietes. Seltene Küstenvögel wie Säbelschnäbler, Austernfischer, Rotschenkel und Sandregenpfeifer brüten hier. Auch der Seeadler hat seit vielen Jahren auf dem bewaldeten Teil des Vogelhakens seinen Horst. Grau-, Bläss- und Saatgänse suchen hier ihre Schlafplätze auf; Brandgans, Schnatterente, Mittel- und

Seeadler blicken über den Vogelhaken Glewitz.

Der Vogelhaken bietet als Naturschutzgebiet vielen Vögeln ein Zuhause.

Mehrere Kraniche haben sich auf und vor dem Vogelhaken Glewitz versammelt.

Gänsesäger brüten im Schutz der Unberührtheit dieses kleinen Eilandes. In den letzten Jahren wurden auf dem Vogelhaken in zunehmender Zahl auch Kraniche beobachtet. Die grauen Schreitvögel nutzen nicht selten zu Tausenden die geschützten Flachwasserzonen rund um den Sandhaken, um einen sicheren Platz für die Nacht zu finden. Räuber wie Füchse, Iltisse und Steinmarder beeinflussen den Bruterfolg der Küstenvögel negativ, was auch durch den Bau eines Zaunes kaum gemildert wurde. Das Naturschutzgebiet darf nicht betreten werden, denn es befindet sich auf einem Privatgrundstück. Vom gegenüberliegenden Ufer der **Glewitzer Wiek** bieten sich von der Landmarke **Wussitzer Haken** jedoch sehr gute Ein- und Ausblicke auf das gesamte Areal. In den Flachwasserbereichen des Vogelhakens wächst Kamm-Laichkraut. Die schmalen Sandstrände sind von umfangreichen Spülsäumen bedeckt. Hier wachsen Spieß- und Strand-Melden. Landseitig schließt eine Salzwiese mit Salz-Binse, Strand-Dreizack, Strand-Wegerich und Salz-Hornklee an. Die Strandwälle sind mit Sandmagerrasen bedeckt.

Mellnitz-Üselitzer Wiek

Im Süden der Insel Rügen existiert bei Poseritz ein weiteres landschaftlich, naturkundlich und ornithologisch interessantes Areal: Die **Mellnitz-Üselitzer Wiek** entstand erst vor wenigen Jahren als Wiedergutmachung für Umweltschäden. Nach dem Bau der neuen Rügenbrücke über den Strelasund zwischen Stralsund und Altefähr verpflichtete sich die Deutsche Einheit Fernstraßenplanungs- und -bau GmbH (DEGES) zu diesem Schritt der Wiedervernässung. Die neu gewonnene Flachwassermeeresbucht soll als Ruheplatz und Nahrungsgebiet für Rast- und Zugvögel dienen. Inzwischen hat der Kranich das großflächig überflutete Gebiet für sich entdeckt und nutzt die Flachwasserzonen der Wiek als Schlafplatz bei seinen Zwischenstopps im Herbst und Frühjahr. Auch der Seeadler ist hier regelmäßig zu beobachten, denn Deutschlands größter Greifvogel sucht die weitläufigen Flachwasserzonen nach Nahrung und Beutetieren ab. Seltene Vogelarten wie Rotrückenwürger (Neuntöter), Braunkehlchen und Heidelerchen sollen hier mittel- oder langfristig heimisch werden. Die ehemalige **Üselitzer Wiek** ist als Gewässer zuletzt auf einem aus dem Jahr 1830 stammenden preußischen Urmesstischblatt verzeichnet. Das etwa 32 Hektar große Areal besaß einen offenen Zugang zur **Puddeminer Wiek**, einer großen Binnenboddenbucht, die auf Rügen als Naturschutzgebiet ausgewiesen ist. Mit

Zahlreiche Wasservögel können nahe der Mellnitz-Üselitzer Wiek im Flug betrachtet werden.

Ein Seeadler kurz vor dem Ergreifen seiner Beute

dem Bau eines Deiches Mitte des 20. Jahrhunderts wurde der Durchbruch geschlossen und das Gebiet mittels eines Schöpfwerkes trockengelegt. Bis 1990 wurde die so gewonnene Fläche, die etwa zwei Meter unter dem Wasserspiegel des Greifswalder Boddens lag, landwirtschaftlich genutzt. Die DEGES plante die Wiedervernässung dieses Gebietes zum Jahr 2012, die Fläche sollte etwa das Vierfache der einstigen Üselitzer Wiek umfassen. 2010 wurde an der benachbarten Puddeminer Wiek ein Flutbauwerk errichtet, dessen Tore sich erstmals am 19. August 2011 öffneten. Seit ihrer Flutung misst die Mellnitz-Üselitzer Wiek an ihrer tiefsten Stelle zwei Meter und nimmt eine Fläche von über 120 Hektar ein. Das gesamte Renaturierungsgebiet, zu dem auch Landbereiche gehören, umfasst eine Fläche von 240 Hektar. Um das Gebiet besser erreichbar zu machen, hat die Gemeinde Poseritz viel Geld in den Ausbau des Weges zwischen Mellnitz und Üselitz entlang der Wieken investiert.

Greifswalder Bodden und Strelasund

Der Greifswalder Bodden ist ein als Landschaftsschutzgebiet wichtiger Lebensraum für Tiere und Pflanzen im Bereich Südrügens. **Greifswalder Bodden** und **Strelasund** bieten Natur pur – und das in Hülle und Fülle. Großartige Wasserlandschaften verbinden sich hier mit Buchten und Nehrungen. Zusammen mit dem Strelasund ist der Greifswalder Bodden Bestandteil des europäischen Schutzgebietsnetzes »Natura 2000«. Der Bereich besitzt den Status eines Fauna-Flora-Habitat-Gebietes und ist zudem Europäisches Vogelschutzgebiet. Dennoch ist Wassersport hier möglich und auch Angler nutzen die fischreichen Gewässer zur Ausübung ihres Hobbys. Intensive Gespräche zwischen Wassersport- und Anglervereinen der Region, dem WWF sowie den zuständigen Behörden haben freiwillige Vereinbarungen zur Nutzung des Gebietes hervorgebracht, von denen alle Seiten profitieren. Der Konsens zwischen den beteiligten Partnern berücksichtigt gleichermaßen Naturschutzanforderungen wie auch spezielle Nutzungswünsche. Deutschland ist durch die Europäische Union verpflichtet, den Wert von Greifswalder Bodden und Strelasund als Europäisches Naturerbe dauerhaft zu erhalten.
Die buchtenreiche Küste des Greifswalder Boddens sowie die unterschiedlichen Wassertiefen und Salzgehalte bringen eine besonders große Artenvielfalt in diesem Lebensraum hervor. Aufgrund ihrer Bedeutung für den Naturschutz wurden hier auch Schutzgebiete nationaler und internationaler Kategorie ausgewiesen. Als **Europäisches Vogelschutzgebiet** bewahren Greifswalder Bodden und Strelasund eine beachtliche Vogelwelt. Gerade am Beispiel der Zugvögel wird deutlich, dass ein erfolgreicher Vogelschutz nur mit internationaler Kooperation möglich ist. Charakterarten des Gebietes sind Seeadler, Gänsesäger, Eis- und Bergenten, Flussseeschwalben und Lachmöwen. Bei den Säugetieren und Fischen sind es die Kegelrobbe und der Hecht. In weiten Bereichen des Greifswalder Boddens ist das Wasser kaum mehr als zwei Meter tief. Diese vom Licht durchdrängten Flachwasserzonen sind das Geheimnis der Lebendigkeit und Vielfalt des Boddens. Unterseeische Dickichte aus Seegras, Laichkraut, Blasentang und zahlreichen weiteren Pflanzen bilden einen eigenen Lebensraum. Schnecken, Muscheln, Borstenwürmer und Krebstiere – sie gibt es in riesigen Mengen und sie dienen größeren Tieren als Nahrung. Daher befinden sich in den Flachwasserzonen ausgedehnte Laichgebiete von Fischen – beispielsweise von Arten wie dem Hering und dem Hornhecht.
Fast neun Monate des Jahres verbringen Bergenten im Greifswalder Bodden, den sie als Winter- und Paarungsrevier schätzen. Allein auf den **Kooser Wiesen** auf dem nahe gelegenen vorpommerschen Festland halten sich im Frühjahr oft weit über 10 000 Bergenten auf. Im gesamten Greifswalder Bodden sind es rund 40 000 Exemplare. Sie bevorzugen die ruhigen Seitenbuchten und ufernahen Flachwasserzonen. Wichtig sind ihnen ungestörte Tagesschlafplätze.

Landschaftsschutzgebiet Mittlerer Strelasund mit den Halbinseln Drigge und Prosnitz

Um der vielgestaltigen Natur und der Kleinteiligkeit der unterschiedlichen Biotope im Bereich Südrügen und Zudar mit Blick auf einen umfassenden Schutzstatus gerecht zu werden, wurde zusätzlich zu den bestehenden Schutzzonen des Greifswalder Boddens und des Strelasunds das **Landschaftsschutzgebiet Mittlerer Strelasund** ausgewiesen. Neben dem reichhaltigen Biotop-Mosaik der Strelasundküste mit einem Wechsel von artenreichen Steil- und Flachufern sind insbesondere auch die Niederungsgebiete auf den Halbinseln **Drigge** und **Prosnitz** relevant. In dieser flachwelligen Grundmoränenlandschaft, die intensiv ackerbaulich genutzt wird, sind die Feucht- und Niederungsgebiete sowie die wenigen naturnahen Wälder die Rückzugsgebiete für verschiedene Tierarten. Feldgehölze, Windschutzpflanzungen, bewachsene Sölle sowie Alleen, Baumreihen und Einzelgehölze strukturieren das ansonsten waldarme Gebiet. Hier gibt es außerdem

Der Bestand des Eisvogels, der auch im Landschaftsschutzgebiet Mittlerer Strelasund anzutreffen ist, hat in den letzten Jahren zugenommen.

noch größere zusammenhängende Waldgebiete. Auf Drigge reicht der Kiefernwald bis ans Wasser. Die im unteren Bereich kahlen Bäume geben am Ende des Waldes den Blick auf breite Schilfgürtel frei.
Das Landschaftsschutzgebiet Mittlerer Strelasund und vor allem die beiden Halbinseln Drigge und Prosnitz spielen nahezu flächendeckend eine herausragende Rolle als Nahrungsraum für durchziehende Vögel aus dem nordosteuropäischen und nordwestsibirischen Raum – beispielsweise für Wildgänse und Tauch- und Meeresenten sowie Säger. Zu jenen Vogelarten, die das Gebiet für die Mauser, Überwinterung, Rast oder Nahrungsaufnahme nutzen, gehören unter anderem Bläss-, Saat-, Weißwangen und Graugänse, Goldregenpfeifer, Höcker-, Zwerg- und Singschwäne, Kiebitze, Kraniche, Pfeifenten und Seeadler. Nachgewiesene Brutvogelarten sind hier unter anderem Flussseeschwalben, Eisvögel, Austernfischer, Gänsesäger, Heidelerchen, Säbelschnäbler und Wachtelkönige (Wiesenrallen).
Eine wichtige Rolle als Brutgebiet, insbesondere für Flussseeschwalben und Lachmöwen, spielt auch die kleine Vogelinsel **Gustower (Prosnitzer) Werder**. Da die Ortschaft Prosnitz etwas hoch gelegen ist, gehen die Blicke weit in die Landschaft hinein – bis hinab in die Bucht **Gustower Wiek** und zum Gustower Werder. Außerhalb der Brutzeit wird die Vogelinsel komplett von Höckerschwänen belagert, sodass das Eiland auch den Beinamen »Schwaneninsel« trägt.
Ausgiebige Flugbewegungen zwischen den Nahrungsflächen und den Schlafgewässern machen das Gebiet für die Vogelbeobachtung hochattraktiv. Das Areal mit seinen vielen Halbinseln und Buchten ermöglicht gute Ausblicke zu Ufern und Wasserflächen bis hinüber zum vorpommerschen Festland nahe der Hansestadt Stralsund. Das gesamte Gebiet eignet sich hervorragend für landschaftsgebundene und naturverträgliche Freizeitaktivitäten für Urlauber, die Ruhe und Entspannung suchen.

Der Kiebitz ist ein Watvogel, der um die 30 Zentimeter groß wird.

Ein reizvolles Ausflugsziel ist auch die südliche Spitze der Halbinsel Prosnitz – die **Prosnitzer Schanze**. Besonders lohnenswert ist ein Besuch dieses Gebietes von Mitte Mai bis Anfang Juni, wenn weite Teile des Areals in leuchtendem Gelb erstrahlen. Die Ginsterblüte ist an diesem äußersten Zipfel Südrügens eindrucksvoll und steht in farblichem Kontrast zu den blauen Wellen des Strelasunds. Höckerschwäne schaukeln auf dem Wasser, Kolkraben sausen durch die Luft, Drossel- und Schilfrohrsänger schmettern ihre Lieder im Schutz breiter Schilfgürtel. Auf den im Frühsommer gemähten Wiesen tummeln sich Graureiher und Mäusebussarde auf der Jagd nach unvorsichtigen Nagern.

Grenzpunkt Grahlhof

Letzter Punkt auf der Reise über Südrügen ist die kleine Ortschaft **Grahlerfähre** am Strelasund. Am Ufer angekommen, geht der Blick weit über das Gewässer, das die Insel Rügen und das Festland Vorpommerns voneinander trennt. Der Blick schweift hinüber zur kleinen Insel **Dänholm** sowie zum Rügendamm und zur Rügenbrücke. Ein Grenzstein am Strand markiert einen der südwestlichsten Punkte Rügens – die Landmarke **Grahlhof**. Wasser- und Seevögel nutzen die Flachwasserbereiche sowie alte Holzpfähle im Strelasund, um hier auf Beute zu lauern oder sich einer ausgiebigen Gefiederpflege zu widmen. Neben Stockenten und Großmöwen sind es vor allem Mittel-, Gänse- und Zwergsäger, die die fischreichen Gewässerbereiche mit überhängenden Ufern zum Verweilen bevorzugen. Wer den Weg in Richtung der Ortschaft Altefähr fortsetzt, wird einige Kilometer weiter den Bessiner Haken erreichen. Dort angekommen, überschreitet der Besucher die Schwelle nach Westrügen.

Einer der südwestlichsten Punkte der Insel Rügen wird durch diesen Grenzstein markiert.

Westrügen

Bodden und Wieken, Haken und Höfte, Wälder und Inseln verleihen Deutschlands größter Insel im Bereich von Westrügen eine erstaunlich feine Gliederung. Ausgewählte boddennahe Landpartien in dieser Region gehören zum Reichtum des Ostseeeilandes.

Rügens Westen ist von der Weite am Wasser, vom Grün der Wiesen und vom Gelb der Schilfgürtel geprägt. Die Vielzahl der Zeugnisse aus vor- und frühgeschichtlicher Zeit inmitten einer faszinierenden Natur gaben Anlass genug, die wertvollen alten Kulturlandschaften Rügens in Schutzgebieten für die Nachwelt zu erhalten. Die naturnahen Landschaften auf Westrügen gehören auch aus diesem Grund seit 1990 zum Nationalpark Vorpommersche Boddenlandschaft. Das Gebiet umfasst – von der Mitte Rügens ausgehend – mehrere Halbinseln, die sich nach Westen, Nordwesten und Norden erstrecken. Diese Ausläufer sind nur durch schmale Meerengen von den nördlich gelegenen Halbinseln Bug und Wittow sowie von der Fährinsel nahe Hiddensee getrennt.

Dieser Teil Westrügens ist fast ausschließlich durch die Farbe Grün bestimmt.

Kubitzer Bodden

Viele Landstriche, die das weiträumige Gewässer **Kubitzer Bodden** im Bereich Westrügens flankieren, bieten gute Möglichkeiten, um Wasservögel zu beobachten. Von der boddennahen Nebenstraße zwischen **Dreschvitz** und **Rothenkirchen** ist ein direkter Einblick in die **Priebowsche Wedde**, eine der größeren Buchten des Kubitzer Boddens, möglich. In der Bucht tummeln sich zahlreiche See-, Wasser- und Watvögel – weiter draußen liegt die Küstenvogelschutzinsel **Liebitz** in Sichtweite. Auf der anderen Seite dieser winzigen Halbinsel, die sich nahe den Ortschaften Rugenhof und Ralow als auffällige Landmarke in den Kubitzer Bodden schiebt, liegt die **Landower Wedde**. Nicht weit davon befindet sich das **Unrower Ufer**. In den letzten Jahren hat sich dieser Flachwasserbereich im Schutz eines breiten Schilfgürtels zu einem beliebten Schlafplatz für Kraniche entwickelt. Mit Zunahme der europaweiten Kranichpopulation wurden neue Schlafgewässer benötigt – das Unrower Ufer ist eines davon. Im Norden wird der Kubitzer Bodden durch die Halbinsel **Lieschow** begrenzt.
Seine größte Tiefe hat der Kubitzer Bodden im Bereich der Fahrrinne der Ortschaft **Rugenhof** mit rund dreieinhalb Metern. Im zentralen und westlichen Bereich des Boddens schwanken die Wassertiefen zwischen zwei und drei Meter. Die ufernahen Zonen haben Tiefen von eineinhalb Meter und

Der Große Brachvogel wurde in manchen Ländern noch vor einigen Jahren gejagt, weswegen er sehr scheu ist.

S. 122/123: Kraniche am Kubitzer Bodden.

Winterimpressionen am Kubitzer Bodden

flacher. Genau dort stehen im Herbst und Frühjahr die Kraniche. Die Schifffahrtsrinne – **Schwarzer Strom** genannt – verläuft in der Mitte des Boddens in West-Ost-Richtung.

Seit 2011 widmet sich die sogenannte Ostseestiftung Naturprojekten im Küstenbereich. Die Nord Stream AG hatte dafür auf Druck der Umweltorganisationen BUND und WWF zum ökologischen Ausgleich für die Inanspruchnahme der Ostsee und einzelner Uferflächen zehn Millionen Euro zur Verfügung gestellt. Das Grasland am Kubitzer Bodden, auf dem sich seit einiger Zeit Rinder in der Freilandweide wohlfühlen, war einst eine Küstenüberflutungsfläche. Durch den Wechsel von Vernässung und Austrocknung bildeten sich Salzwiesen mit einer speziellen Fauna und Flora heraus. Dieses einst an den Boddenküsten weit verbreitete Ökosystem wurde mit dem Anlegen von Deichen und der Intensivierung der Landwirtschaft zerstört. Mithilfe der Ostseestiftung soll auf dem Areal nahe **Neuendorf** langfristig die ursprüngliche Natur wiederhergestellt werden. Bislang wurde die Fläche regelmäßig gedüngt und dreimal im Jahr gemäht. Seit zwei Jahren wird kein Dünger mehr verwendet. An einigen Stellen befindet sich heute schon eine sogenannte Magerwiese. Was eher nach Mangel klingt, ist aus ökologischer Sicht eine Rarität in unserer hochkultivierten und intensiv genutzten Landschaft. Jetzt gibt es nur noch einen Pflegeschnitt pro

Diese Rabenkrähe, deren Gefieder komplett schwarz ist, hält sich in der Nähe des Kubitzer Boddens auf.

Jahr, den Rest besorgen die Weidetiere. So können sich selten gewordene Pflanzen gut vermehren und viele Tierarten ansiedeln. Mit zwei Staustufen im Graben wird der Wasserspiegel kontrolliert angehoben. Durch die steigende Grundwasserlamelle entsteht eine ausgewogene Wasserversorgung. Die an tiefer gelegenen Stellen bereits vorhandene Torfoberfläche kann sich auf diese Weise weiter aufbauen und eine vielfältige Pflanzengesellschaft entwickeln. Ob am Kubitzer Bodden langfristig wieder der ursprüngliche Zustand mit einer Salzwiese entstehen kann, vermögen Experten derzeit noch nicht zu sagen.

Das Projekt am Kubitzer Bodden ist nur ein Teil einer großräumigen Maßnahme. In der Boddenlandschaft zwischen der Rostocker Heide im Westen, der Halbinsel **Fischland-Darß-Zingst**, der Insel **Hiddensee** bis hin zur **Westrügenschen Boddenlandschaft** im Osten ist bis zum Jahr 2020 die Renaturierung von mindestens 200 Hektar einstiger Küstenüberflutungsräume geplant. Das Gemeinschaftsprojekt mit dem Namen »Schatz an der Küste« wird unter Federführung der Ostseestiftung von den Naturschutzverbänden NABU, BUND und WWF, der Kranichschutz Deutschland gGmbH, der Michael Succow Stiftung sowie der Universität Greifswald und der Hansestadt Rostock umgesetzt. In diesem Projektrahmen ist die Wiedervernässungsfläche am Kubitzer Bodden angesiedelt.

Unterwasserwelt der Bodden

Auf Westrügen bleibt dem menschlichen Auge das Leben unterhalb der Wasseroberfläche im **Schaproder Bodden** im Norden und im **Kubitzer Bodden** im Süden meist verborgen. Aber gerade die flachen Boddengewässer gewähren Einblicke in die Unterwasservegetation. Kleine Fische und Krebse finden dort Versteck und Nahrung. Die Bodden enthalten ebenso wie die Ostsee ein Gemisch aus Salzwasser aus der Nordsee sowie Süßwasser aus den Flüssen – das sogenannte Brackwasser. Je nach Strömungsverhältnissen schwankt der Salzgehalt hier zwischen sieben und zehn Prozent. Sowohl Salz- als auch Süßwasserlebewesen konnten sich an dieses ungewohnte Milieu anpassen. Die auffälligsten Einwanderer aus der reichhaltigen Pflanzenwelt des Süßwassers tragen so klangvolle Namen wie Kamm-Laichkraut, Ähren-Tausendblatt, Teichfaden und Großes Nixkraut. Typische Meerespflanzen der Bodden sind die Strandsalde und das Seegras, das im Schaproder und Kubitzer Bodden in Wassertiefen ab zwei Metern regelrechte Wiesen ausbildet. Neben den echten Blütenpflanzen bestimmen Großalgen wie Zweifadenalgen und Darmtang das Bild der Unterwasserflora. Sie wachsen auf Steinen, Holz oder Muscheln. Die Boddengewässer Westrügens sind – mit Greifswalder Bodden und Strelasund – die einzigen Laichgewässer des Ostseeherings. Seit dem Mittelalter spielt dieser Fisch für die gesamte Region eine herausragende Rolle. Insgesamt 40 Fischarten sind in den Bodden zu Hause – darunter neben Zandern und Hechten auch Flundern und Aale. Auch Seenadeln und Stinte leben hier.

Grasnadeln (links) und Flussbarsche (oben) gehören zur tierischen Unterwasserwelt der Bodden.

Vogelinseln Liebitz und Heuwiese

Zu den neun kleinen Inseln, die zu den großen Eilanden Hiddensee und Rügen gehören, zählen auch die Seevogelinseln **Liebitz** und **Heuwiese**. Diese winzigen Eilande befinden sich in der Nationalparkregion rund um die Insel Ummanz und gehören als Küstenvogelschutzgebiete zur Kernzone (Schutzzone I) des Großschutzgebietes zwischen Bodden und Ostsee. Die am Boden brütenden Küstenvögel, zu denen See-, Wat- und Wasservögel gehören, haben auf diesen Inseln Schutz vor Nesträubern – beispielsweise Füchsen oder Dachsen – gefunden. Allein auf Heuwiese brüten bis zu 30 Vogelarten. Ein ideales Brutrevier haben hier mehr als 1000 Brandseeschwalbenpaare gefunden, die eine gemeinsame Kolonie mit der Lachmöwe bilden. Zum Nahrungserwerb erbeuten Brandseeschwalben in elegantem Sturzflug kleine Fische im Wasser. Die ornithologische Eigenheit auf der rund 14 Hektar großen Insel Heuwiese ist eine Kolonie von Kormoranen, die auf dem Boden brüten. Üblicherweise nutzen die schwarzen Unterwasserjäger Bäume für das Brutgeschäft. Da die Bäume einer Kolonie durch den ätzenden Kot der Fischfresser jedoch absterben, gibt es immer weniger geeignete Bäume in Wassernähe. So hat die Natur einen neuen Weg gefunden, um mit Bodenbrüter-Kolonien des Kormorans den Fortbestand der Art zu sichern. Die wichtigsten Brutvögel auf der rund 64 Hektar großen Insel Liebitz sind neben Wiesenlimikolen und Entenvögeln auch Sturm- und Lachmöwen. Darüber hinaus nutzen Silbermöwen die Unberührtheit und Abgeschiedenheit des etwa 1000 mal 700 Meter großen Eilandes im Kubitzer Bodden für ihr Brutgeschäft und die Jungenaufzucht. An der Steilküste des Moränenkerns siedeln Uferschwalben.

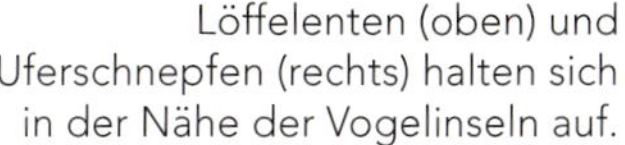

Löffelenten (oben) und Uferschnepfen (rechts) halten sich in der Nähe der Vogelinseln auf.

Diese Lachmöwe hat gerade einen kleinen Fisch ergattert. Sie frisst unter anderem auch Regenwürmer, Krebstiere und Insekten.

Die Inseln Heuwiese (links) und Liebitz (rechts) gelten als Vogelparadiese.

In den Herbst- und Wintermonaten halten sich in den flachen Boddengewässern rund um die kleinen Inseln zahlreiche Wildenten auf – beispielsweise Reiher-, Pfeif- und Krickenten. Höckerschwäne und hunderte nordische Singschwäne lassen manchen Boddenabschnitt weiß aufleuchten. Das Bild der Boddenufer im Nationalpark bestimmen große Schilfröhrichte mit eingestreuten Salzwiesen. Mit ihrem Insektenreichtum locken die unzugänglichen Röhrichte Rohrammern und Bartmeisen an; seltene Vogelarten wie die Wasserralle sowie Hauben- und Rothalstaucher sind hier zu Hause. Viele Jungfische wachsen im Schutz der Wasserröhrichte auf. Heuwiese erhebt sich mehr als einen Meter über den Wasserspiegel aus dem Kubitzer Bodden. Das Eiland besteht aus einem typischen Salzgrasland der vorpommerschen Boddenküste und entstand aus trockengefallenen Anlandungsgebieten, den Windwatten. Den Namen hat die Insel aufgrund ihrer ursprünglichen Nutzung als Viehweide. Erst seit Mitte des 19. Jahrhunderts ist Heuwiese als Seevogelinsel bekannt.

Insel Ummanz

Durch eine schmale Brücke über den Focker Strom ist die kleine Insel **Ummanz** mit ihrer großen Inselschwester Rügen verbunden. Ummanz gehört zur Nationalparkregion Westrügen im über 800 Quadratkilometer umfassenden Großschutzgebiet **Nationalpark Vorpommersche Boddenlandschaft**. Seit jeher gilt Ummanz als Insel der Kraniche. Viele Vogelfreunde kommen im Herbst hierher, um mit dem Zug der grauen Glücksvögel eines der letzten Naturschauspiele Mitteleuropas zu erleben. Der Ruf der rund 20 Quadratkilometer großen »Kranichinsel« wird heute allerdings nur noch bedingt erfüllt, denn durch die Verlagerung der Zugwege, ein verändertes Nahrungsangebot und die Bildung neuer Schlafplätze in anderen Regionen der Insel Rügen sind Begegnungen mit Kranichen auf Ummanz tagsüber eher selten. Wenn es auf der Insel im Oktober ein abgeerntetes Maisfeld

Von der Beobachtungskanzel Tankow auf Ummanz können unter anderem Kraniche betrachtet werden.

Ein Schwarm Kraniche befindet sich gerade im Landeanflug auf die Insel Ummanz.

gibt – wie zuletzt im Herbst 2015 –, ist die Situation jedoch günstiger: Dann lassen sich die »Vögel des Glücks« auch tagsüber beobachten. Abends ändert sich die Situation schlagartig, denn mit tausenden Kranichen, die den Schlafplatz an der **Udarser Wiek** anfliegen, wird die Faszination Kranichzug dann doch noch ein Stück weit greif- und erlebbar. Viele Kranichschwärme, die sich tagsüber zur Futtersuche auf den abgeernteten Maisfeldern des vorpommerschen Festlandes aufgehalten haben, fliegen am Abend zu den Rügener Schlafplätzen. Dabei überqueren große Gruppen die Insel Ummanz – entweder auf dem Weg zur Udarser Wiek oder zum **Unrower Ufer** gegenüber der Vogelinsel Liebitz. Die Beobachtung von Kranichen auf Ummanz gelingt vor allem von der Beobachtungskanzel im kleinen Örtchen **Tankow** aus. Ummanz ist das viertgrößte Eiland Vorpommerns. Die Insel wird im Westen und Nordwesten durch den Schaproder Bodden, im Norden durch die Udarser Wiek, im Osten durch den **Koselower See** sowie im Süden vom Kubitzer Bodden begrenzt. Ummanz ist sehr flach – die höchste Stelle liegt nur drei Meter über Normalnull.

Udarser Wiek und Koselower See

Im Bereich Westrügen gibt es eine große Bucht, die seit jeher eine magische Anziehungskraft auf Kraniche ausübt. Wann immer die Vögel bei ihren Wanderungen im Herbst und Frühjahr einen Zwischenstopp am Rastplatz **Rügen-Bock-Region** einlegen, suchen bis zu 10 000 Kraniche die acht Quadratkilometer große lagunenartige Bucht auf, die den Namen **Udarser Wiek** trägt. Insgesamt umfasst der Rastplatz Rügen-Bock-Region, der als einer der wichtigsten Zwischenstopps der Kraniche auf ihrer Reise von Nord nach Süd gilt, Land- und Wasserflächen vom Darß über das vorpommersche Festland rund um Stralsund bis nach Rügen. Da die Udarser Wiek durchgängig sehr flach ist – die tiefste Stelle misst gerade einmal eineinhalb Meter –, ist sie ein ideales Schlafgewässer für den Kranich. Weil die grauen Tänzer in der Abenddämmerung festen Grund und Boden verlassen, um aufgrund eines instinktiven Schutzverhaltens (aus Angst vor Bodenfeinden) eine Flachwasserstelle als Schlafplatz für die Nacht auszuwählen, hat die Bucht zwischen den Inseln Rügen im Norden und Ummanz im Süden für die unter strengem Schutz stehenden Großvögel eine wichtige Funktion. Automatisch rückt die

Udarser Wiek und Koselower See von oben aus betrachtet

Singschwäne wie hier nahe der Udarser Wiek sind an ihren gelb-schwarzen Schnäbeln zu erkennen.

Die Moorente wird nur um die 40 Zentimeter lang. Beim Erpel fallen vor allem die weißen Augen auf.

Udarser Wiek damit während der Wanderungen des Grauen Kranichs unter das Dach des Bundesnaturschutzgesetzes, denn derartige Ruhezonen stehen nach Paragraf 42 unter speziellem Schutz. Fließt das Wasser der Udarser Wiek durch den **Gahlitzer Strom**, erreicht es den **Koselower See**. Hier lassen sich zahlreiche Wasservögel wie Schwäne, Gänse, Enten, Taucher und Rallen beobachten.

Insel Öhe

Das kleine, stille und geheimnisvolle Eiland **Öhe** schmiegt sich an jenen Strom, der den Schaproder Bodden mit der Udarser Wiek verbindet. Nur knapp über 30 Meter liegen zwischen Öhe und dem Hafen der Gemeinde **Schaprode**, zu der das Eiland gehört. Etwas über 70 Hektar groß ist die Insel – den höchsten Punkt markiert der 3,30 Meter hohe **Fuchsberg**. Die flache Böschung gleich neben dem Fuchsberg gehört zu den Lieblingsplätzen der Vogelkundler und Naturliebhaber. Dafür ist eine Besuchserlaubnis

Die kleine Insel Öhe ist nur durch einen schmalen Wasserlauf vom Festland getrennt.

Mehrere Kanadagänse können von Öhe aus im Flug betrachtet werden.

in Absprache mit den Eigentümern nötig, denn die Insel befindet sich seit Jahrhunderten im Privatbesitz der Familie Schilling. Vom Fuchsberg geht der Blick über das glitzernde Wasser des **Schaproder Boddens** hinüber nach Hiddensee. An jenem Ufer der kleinen Insel Öhe, das der großen Inselschwester Hiddensee zugewandt ist, liegen große Steine im Flachwasser, mächtige Findlinge, die mit dem abschmelzenden Gletschereis aus Skandinavien hier abgelagert wurden. Die trockenen Sitzplätze an exponierter Stelle sind bei See- und Wasservögeln sehr beliebt. Im Spätsommer lassen sich hier sehr gut Kanadagänse beobachten, die auf den Steinen im Flachwasser ausruhen und ihr Gefieder pflegen. Wer mit dem Fahrgastschiff in See sticht und den Schaproder Hafen in Richtung Hiddensee verlässt, kommt ganz dicht an diesen Steinen vorbei, auf denen mit etwas Glück auch einmal ein Seeadler sitzen kann.

Während die Groß- und Naturschutzgebiete der Insel Rügen weitgehend auf die Küstenbereiche und Boddengewässer abzielen, erstrecken sich die Landschaftsschutzgebiete bis weit ins Inselinnere. Im Zentrum Rügens finden damit auch naturschutzrechtliche Pufferzonen sowie Naherholungsgebiete inmitten schützenswerter Naturräume eine spezielle Berücksichtigung.

Die Landschaftsschutzgebiete liegen eingebettet zwischen den Städten und Dörfern des Inselzentrums – umgeben von den Schatzkammern der Rügener Natur. Da kein Ort auf Deutschlands größter Insel weiter als sieben Kilometer vom Wasser entfernt liegt, kommt es bei der Nahrungssuche vieler Tierarten, die sich normalerweise in den absoluten Schutzzonen der Küsten- und Boddenareale aufhalten, zu Überschneidungen und Verlagerungen der Grenzen zwischen streng, weniger streng und locker geschützten Bereichen. Somit haben auch die Gewässer und Gebiete Zentralrügens eine wichtige Rolle für die inselweiten Schutzziele.

Nonnensee

Ein gutes Beispiel für die Verbindung von Naherholung und Naturschutz auf Rügen ist der **Nonnensee** vor den Toren der Stadt Bergen. Der Wasserspiegel des 1914 trockengelegten Feuchtgebietes direkt neben der viel befahrenen Bundesstraße 96 zwischen **Sassnitz** und **Bergen** stieg 1993 aufgrund eines technischen Defekts am vollautomatischen Schöpfwerk allmählich wieder an. Um dem Nonnensee eine Chance zu geben, sich wieder zu einem eindrucksvollen Naturraum in Rügens Inselmitte zu entwickeln, wurde das Pumpwerk daraufhin endgültig abgestellt. Binnen kurzer Zeit wuchs der See auf eine Fläche von 75 Hektar an und entwickelte sich sehr schnell zu einem Vogelparadies im Herzen der Insel. Um ihn auf seiner jetzigen Größe zu halten, wurde 1995 ein Überlauf zu Rügens längstem Fließgewässer – dem Flüsschen **Duwenbeek** – errichtet. Dieser Überlauf hat den zusätzlichen Effekt, die zum Teil hohen Nähr- und Schadstofffrachten der Duwenbeek vom See zurückzuhalten.

Der Nonnensee hat sich als Brutgebiet und Lebensraum für die heimische Vogelwelt zu einem der bedeutendsten Flachwasserseen Mecklenburg-Vorpommerns entwickelt. Innerhalb weniger Jahre haben sich hier Rot- und

Die Flügelspannweite des Seeadlers kann bis zu 2,50 Meter betragen.

Der knallrote Schnabel mit schwarzer Spitze ist für die Flussseeschwalben charakteristisch.

Schwarzhalstaucher, Graugans, Rohrweihe, Schilf-, Sumpf- und Drosselrohrsänger sowie viele andere Vogelarten eingefunden, um am und auf dem See zu brüten und ihren Nachwuchs aufzuziehen. Bereits zwei Jahre nach Wiederentstehung des Nonnensees konnten hier 55 verschiedene Vogelarten beobachtet werden, die an freie Wasserflächen gebunden sind. Heute ist der Nonnensee ein wichtiger Lebensraum für mehr als 50 Brutvogelarten, darunter viele seltene und im Bestand bedrohte Arten wie Flussseeschwalbe, Rothalstaucher und Wasserralle. Zahlreiche Gänse- und Entenarten nutzen den See als Rast- und Ruheplatz. Hunderte von Graugänsen durchleben an den Seeufern sowie auf den Wasserflächen ihre Mauser – einige Paare haben den See auch als Brutplatz angenommen. Inzwischen mausern im Spätsommer am Nonnensee so viele Graugänse, dass dieses Feuchtgebiet als bedeutendster Mauserplatz der Graugans in den neuen Bundesländern gilt.

Der Nonnensee auf Rügen wird regelmäßig von zahlreichen Vögeln besucht.

Weißstörche (links) und Höckerschwäne (rechts) finden sich ebenfalls im Bereich des Nonnensees.

Wer die Bundesstraße 96 zwischen Sassnitz und Bergen noch vor der großen Kreuzung in Bergen verlässt, gelangt gegen Ende des Nonnensees zu einem Parkplatz direkt am Feuchtgebiet. Bereits vom Parkplatz aus lassen sich sehr häufig Seeadler beobachten, die über dem See kreisen, auf einem der trockenen Bäume inmitten des Sees oder an einem der Seeufer sitzen. Bei einer Wanderung um den Nonnensee, der komplett umrundet werden kann, lassen sich mit Fernglas und Spektiv zahlreiche Vogelarten beobachten. Eine ornithologische Eigenheit am Nonnensee ist die Brutkolonie der Flussseeschwalbe, die vor einigen Jahren in verlassenen Kormoran-Nestern gegründet wurde. Für die schlanken Seevögel ist der Standort der Nester in kleinwüchsigen Gebüschen flach über der Wasserkante ideal, da diese Seeschwalbenart maritim ausgerichtete Kolonie-Standorte bevorzugt. Besonders erwähnenswert ist auch die Schnatterente, die den Nonnensee in oftmals großer Zahl von mehreren Hundert Exemplaren zum Rasten und Verweilen nutzt. An einigen Tagen im späten Frühjahr können hier aber auch größere Rastbestände von Zwergmöwen und gelegentlich auch Weißflügelseeschwalben beobachtet werden.

Gingster Heide

Dass Rügen einst komplett mit Wald bewachsen war, lässt sich heute nur noch ansatzweise erahnen. Mächtige Eichen bedeckten bis ins Mittelalter hinein weite Teile des heute überwiegend waldarmen Ostseeeilandes. Zu den größeren zusammenhängenden Waldgebieten, die auf Rügen bis in die

Gegenwart hinein erhalten geblieben sind, gehört neben der Stubnitz und der Granitz auch die Gingster Heide. 250 bis 300 Jahre alte Küstenkiefern gedeihen hier in unmittelbarer Nachbarschaft zu Laub- und Mischwald, der für viele Tier- und Pflanzenarten wichtige Lebens- und Wachstumsgrundlagen bildet. Einer natürlichen Waldverjüngung wird hier freie Bahn gelassen. Seit jeher haben im Wald der **Gingster Heide** Seeadler ihren Horst. Hier lebt das »grünste« Seeadlerpaar der Insel Rügen: Jenes Paar, das während der Brutzeit den Horst und dessen Ränder am intensivsten und umfangreichsten mit frischem Grün bedeckt. Eingerahmt wird die Gingster Heide von den Ortschaften **Gingst** im Westen, **Kluis** im Norden, **Parchtitz** im Osten und **Dreschvitz** im Süden. Wer die asphaltierte Kreisstraße zwischen Bergen und Gingst nahe **Güstin** verlässt und dem mit Betonspurplatten verlegten Weg folgt, kann weite Teile der Gingster Heide in Augenschein nehmen. Auf den Ackerflächen vor der Waldkante lassen sich das ganze Jahr über Kolkraben beobachten. Oft versammeln sich hier die größten Krähenvögel Europas, die nach dem Zweiten Weltkrieg in ganz Deutschland vom Aussterben bedroht waren, zu größeren Gruppen. Kaum ein anderer Ort auf Rügen ist so »kolkrabensicher« wie die Äcker und Wiesen rund um die Gingster Heide. Auch

Ein Wildschwein durchstreift den Wald der Gingster Heide.

S. 140/141: Eine Seeadlermutter versorgt ihr Küken mit Nahrung.

Kraniche, Seeadler und Graugänse lassen sich auf den Acker-, Wiesen- und Wasserflächen nahe dem großen Waldgebiet beobachten. Im Wald selbst leben unter anderem Waldkäuze, Schwarz- und Buntspechte, Waldschnepfen sowie Rot- und Schwarzwild. Reizvoll sind vor allem die Moorlandschaften mit ihrer reichhaltigen Tier- und Pflanzenwelt.

Tetzitzer See

Nicht nur Flachwasserzonen in Boddengewässern sowie Windwattbereiche im Meer sind wichtige Schlafgewässer für Kraniche auf der Insel Rügen, denn die Vögel nutzen auf Rügen auch Flachwasserbereiche, Bülten- (überflutete Schilfinseln) und Schilfzonen inmitten kleinerer Seen und Teiche im Inselzentrum. Ein sicherer Schlafplatz für Kraniche innerhalb der weitläufigen Areale Zentralrügens, den die grauen Tänzer seit Jahrzehnten ansteuern, ist der **Tetzitzer See**. Bis zu 1000 Kraniche suchen hier während der Herbstrast einen Schlafplatz für die Nacht. Typisch für das über 570 Hektar große Gewässer, das durch den **Liddower Strom** mit dem Großen Jasmunder Bodden verbunden ist, sind ausgedehnte Flachwasserbereiche, Brackwasserröhrichte sowie angrenzende Salzwiesen, Halbtrocken- und Sandmagerrasen. In den Flachwasserbereichen des Sees wächst Kamm-Laichkraut. Da die Ufer des Tetzitzer Sees durch einen nahezu geschlossenen Schilfröhrichtsaum geprägt sind, ist dieses Gewässer nicht nur ein bedeutender Schlafplatz für den Kranich, sondern auch ein wichtiger Rastplatz für Bläss-, Weißwangen-, Grau- und Saatgänse, für Kolben-, Tafel- und Reiherenten sowie für Gänse-, Mittel- und Zwergsäger. Die intensiv beweideten ortsnahen Salzwiesen am südlichen Rand des Tetzitzer Sees werden von einem Flutrasen mit

Bleie (auch: Brachsen) leben im Tetzitzer See. Sie werden bis zu 16 Jahre alt.

Der Tetzitzer See wirkt im Winter wie ausgestorben.

Bis zu 1000 Kraniche kommen im Herbst zum Tetzitzer See.

Flechtstraußgras, Gänsefingerkraut sowie Rot- und Rohr-Schwingel dominiert. Auf den erhöhten Bereichen der Schwemmsandebene am **Kuschvitzer Haken** dehnt sich mageres Grasland mit Gemeiner Grasnelke, Sandsegge, Rotes Straußgras, Wiesen-Flockenblume, Echtem Labkraut, Glatthafer und Flaumhafer aus. Die wichtigsten Fischarten im Tetzitzer See sind Barsche, Plötze (Rotaugen), Rotfedern, Hechte, Aale und Bleie. Arten wie Flundern, Heringe, Sprotten, Stinte und Ukeleien kommen gelegentlich hierher. Bis zu 20 000 Blässgänse suchen den See in den Zugzeiten auf. Seeadler sind häufig am Tetzitzer See zu beobachten, Fischadler nur unregelmäßig. Letztere Art jagt lieber im Großen Jasmunder Bodden.

Naturschutzgebiet Halbinsel Liddow und Banzelvitzer Berge

Umliegende Ortschaften des über 1000 Quadratkilometer großen **Naturschutzgebietes Tetzitzer See mit Halbinsel Liddow und Banzelvitzer Berge** sind **Neuenkirchen** und **Rappin**. So lang, wie der Name dieses Naturschutzgebietes ist, so reichhaltig ist auch die Ausstattung des Areals. Gleichzeitig wird mit der gesamten Fläche ein weitläufiger Bereich der Boddengewässer in dieser Region geschützt. Die gesamte Zone weist eine große Vielfalt an Lebensräumen auf und ist ein wichtiges Rast- und Brutgebiet für die Vogelwelt. Das Schutzgebiet ist nach EU-Recht geschützt und wesentlicher Bestandteil des **FFH-Gebietes Nordrügensche Boddenlandschaft** und

Eine Stiel-Eiche im Naturschutzgebiet. Diese Eichenart kommt beinahe in ganz Europa vor.

Die Banzelvitzer Berge auf Rügen haben mit großen Gebirgen wie den Alpen wenig gemein, bieten aber trotzdem einen herrlichen Anblick.

des **Vogelschutzgebietes Binnenbodden von Rügen**. Der Wanderweg von Liddow nach Banzelvitz ermöglicht stellenweise ein Begehen der Flächen – beispielsweise die beweideten Salzwiesen im Bereich der Sandnehrung zwischen Liddow und den Banzelvitzer Bergen. Hier haben sich in tieferen Lagen Rasen mit Rot-Schwingel, Salz-Binse, Strand-Dreizack, Strand-Wegerich, Strand-Milchkraut, Gänse-Fingerkraut, Gemeiner Strandsimse, Wiesen-Pferdesaat und Strand-Aster entwickelt. Diese Flächen werden nur gelegentlich beweidet. Auf den Banzelvitzer Bergen ist die Stiel-Eiche inzwischen die dominierende Baumart. Auf frischen bis feuchten Standorten gibt es einen an Edellaubhölzern reichen Waldbestand mit Berg-Ahorn, Esche, Ulme, Stiel-Eiche, Hainbuche und Vogel-Kirsche. Das inaktive Kliff am Großen Jasmunder Bodden wird von einem haselreichen Steilhangwald mit Stiel-Eiche, Kiefer, Birke, Berg-Ahorn, Hainbuche und Esche eingenommen. Als Rarität kommt hier die wärmeliebende Elsbeere vor. Im stark von Reliefen geprägten Nordteil der Halbinsel Liddow dominieren Perlgras-Eichen-Buchenwälder. Bemerkenswert ist der Stechpalmenbestand auf Liddow. Zu den charakteristischen Brutvögeln auf dem Höhenzug der Banzelvitzer Berge gehören Grauammer, Neuntöter und Sperbergrasmücke. An der Steilküste am Großen Jasmunder Bodden brüten Uferschwalben in einer kleinen Kolonie. Auf alten urwüchsigen Küstenkiefern thront der Seeadler. Im Gebiet sind außerdem Rohrweihen und Graugänse sowie einzelne Paare der Bartmeise und des Eisvogels heimisch.

Der Gesang der Grauammer wird nur von den Männchen geäußert.

Naturschutzgebiet Neuendorfer Wiek mit Insel Beuchel

Einige der vielgestaltigsten Landschaften der Insel Rügen befinden sich im fast 560 Hektar großen **Naturschutzgebiet Neuendorfer Wiek mit Insel Beuchel**. Das Schutzgebiet kann mit der sichelförmigen Vogelinsel Beuchel aufwarten, die als Heimat für eine der letzten Brutkolonien von Lachmöwen und Brandseeschwalben im Küstenraum von Mecklenburg-Vorpommern ein Küstenvogelschutzgebiet ist. Während Beuchel schon seit 1940 Naturschutzgebiet ist, wurden erst in den Jahren 1999 und 2004 Erweiterungen um den Teil der **Neuendorfer Wiek** vorgenommen. Bei einer Fahrt in Richtung der Ortschaften **Neuenkirchen** und **Vieregge** – vom Abzweig nahe Silenz kommend – ist bereits von der Landstraße aus ein guter Blick auf die Neuendorfer Wiek möglich. Beuchel darf zwar nicht betreten werden, jedoch sind von den gegenüberliegenden Schilf- und Wiesenzonen Einblicke auf die dort beheimatete Vogelwelt möglich. Abseits der Wasserflächen lässt die Neuendorfer Wiek ein kostbares Mosaik verschiedener Landschaften und Naturräume erkennen. Dabei reicht das Spektrum vom trockenen Magerrasen über Moorsenken und Waldbestände bis hinüber zum Ufer des **Breetzer Boddens**.

Von oben betrachtet zeigt sich die Sichelform der Insel Beuchel.

Bläuling (oben links), Teichrohrsänger (oben rechts) und Knöllchen-Steinbrech (rechts) gehören zur Fauna und Flora des Naturschutzgebietes Neuendorfer Wiek.

Eine Lachmöwe sucht die Neuendorfer Wiek nach ihrer nächsten Nahrung ab.

Im Naturschutzgebiet, das nicht nur nach Landes-, sondern auch nach EU-Recht geschützt ist, sind viele seltene und bedrohte Pflanzenarten beheimatet. Während des jahrelangen Widerstandes gegen einen dort geplanten Kiestagebau ist das Ostufer der Boddenbucht nahe **Zessin** intensiv kartiert und untersucht worden. Mehr als 24 Pflanzenarten, die auf der Roten Liste der bedrohten Arten stehen, sind auf dem Trockenrasen nachgewiesen – beispielsweise der Knöllchensteinbrech. Seltene Wildbienen und 14 Schmetterlingsarten sind hier beheimatet. Ein im Trockenrasen eingeschlossenes Moor ist Schatzkammer sehr wertvoller Torfmoosarten. Die Insel Beuchel ist ein wichtiger Brutplatz zahlreicher Vogelarten – beispielsweise von Enten, Gänsen, Schwänen, Sägern, Watvögeln, Möwen und Seeschwalben. Die Neuendorfer Wiek schützt die Insel vor Störungen und ist ebenfalls Brutgebiet für weitere Arten – etwa für Haubentaucher, Blässrallen, Tafelenten, Rohrweihen, Teichrohrsänger oder Bart- und Beutelmeisen. Im Herbst und Frühjahr nutzen Rastvögel die Flächen als Ruhe- und Nahrungsraum mit zum Teil tausenden Individuen. Seeadler, Kraniche und Fischotter kommen im Gebiet vor. Der Fischfauna dient das Naturschutzgebiet als Raum zur Fortpflanzung.

Halbinsel Lebbin

Durch die vielen Buchten, Nehrungen und Lagunen präsentiert sich Rügen nicht nur stark zerklüftet, aufgelockert und vielgestaltig, sondern auch reich bestückt mit kleinen Inseln und Halbinseln. Wasserläufe, Gewässerarme und Boddenbuchten reichen bis ins Inselinnere, sodass es auch im Bereich Zentralrügens Halbinseln gibt. Die **Lebbin** ist als Halbinsel Teil des sogenannten Muttlandes, mit dem sie über eine rund zwei Kilometer breite Landenge verbunden ist. Die Lebbin ist über acht Kilometer lang und bis zu drei Kilometer breit. Von den Ortschaften **Moritzhagen**, **Breetz**, **Vieregge** und **Grubnow**, die alle direkt oder dicht am Wasser liegen, sind schöne Ausblicke auf die ungewöhnlichen Landschaften des **Breetzer Boddens**, des **Breeger Boddens**, des **Lebbiner Boddens** und des **Großen Jasmunder Boddens** möglich. Zahlreiche See-, Wasser- und Watvögel lassen sich auf den Bodden beziehungsweise an den Ufern und Spülsäumen dieser Gewässer beobachten. Die flachen Nord- und Südteile der Halbinsel werden durch die **Moritzhagener Berge** topografisch getrennt. Höchste Erhebung dieses Endmoränenzuges ist **Hoch Hilgor** (fast 44 Meter über Normalnull) mit dem Grümbke-Turm bei Grubnow.

Auf der Halbinsel Lebbin gibt es einige kleinere Ortschaften.

Park Putbus

Auch wenn die Natur auf der Insel Rügen in weiten Teilen noch wild und unberührt ist, gibt es dennoch Bereiche und Areale, in denen der Mensch maßgeblichen Anteil an deren Gestaltung hat. Ein Beispiel dafür ist der um 1725 angelegte, rund 75 Hektar große **Putbusser Park**. In diesem Landschaftspark befindet sich neben zahlreichen alten und außergewöhnlichen Bäumen in über 60 verschiedenen Arten auch ein acht Hektar großes Wildgehege mit Dam- und Rotwild. Nirgendwo sonst auf Rügen kann man Hirschen in einer natürlichen Umgebung so nahe kommen wie hier. Ohne zu stören lassen sich sowohl männliche als auch weibliche Tiere beider heimischer Wildarten in aller Ruhe beobachten. Darüber hinaus ist auch die Pflanzenwelt interessant: Riesen- und Urwelt-Mammutbäume, Zedern, gelbblühende Rosskastanien und Tulpenbäume können hier in Augenschein genommen werden. Auch der **Schwanenteich** inmitten des Parks ist bis heute erhalten geblieben. Eingebettet in die umgebende Landschaft, die wiederum Teil des **Biosphärenreservates Südost-Rügen** ist, gewährt der Putbusser Park zwischen den mit Laubbäumen besetzten Hügeln, weiten Rasenflächen und einem weit verzweigten Wegenetz natürliche Sichtschneisen bis weit auf den **Rügischen Bodden**. Im Frühjahr unterstreicht eine nahezu verschwenderische Blütenpracht auf den Wiesen die einzigartigen Baumkonstellationen aus einheimischen Arten sowie aus Bäumen aus aller Welt.

Das Wildgehege im Park Putbus ist bei Erwachsenen und Kindern zu Recht sehr beliebt.

Hiddensee
Perle der Ostsee

Hiddensee – Perle der Ostsee

Zwischen den Küsten Deutschlands und Dänemarks liegt im blauen Schoß des Baltischen Meeres eine malerische Insel, die als »Perle der Ostsee« stets bewundert, besungen und beschrieben wurde. Wer das kleine Eiland besucht, seine Blicke über liebliche Landschaften gleiten lässt, dem Wind mit Herz und Seele lauscht – der ist mittendrin im Zauber einer Küstenlandschaft. Der Wind, der den Kopf befreit, kommt immer vom Meer. Fantastische Wolkenbilder, außergewöhnliche Luftspiegelungen, grandiose Sonnenuntergänge: Hiddensee ist ein Erlebnis.

Hiddensee wird im Volksmund liebevoll »Sötes Länneken« (»süßes Ländchen«) genannt. Beim vergleichenden Blick über die Ostsee hinüber nach Rügen gelten hier weitaus kleinteiligere Maßstäbe. Hiddensee ist im Gegensatz zum großen Schwestereiland ein Zwerg, denn das Länneken besitzt nur eine Fläche von rund 19 Quadratkilometern. Die Insel ist in der Nord-Süd-Ausdehnung beinahe 17 Kilometer lang, an der schmalsten Stelle nur 250 Meter und an der breitesten Stelle fast 4 Kilometer breit. Die gesamte Küstenlinie misst über 60 Kilometer. Dabei entfallen etwa 20 Kilometer auf die Außenküste und um die 40 Kilometer auf die Binnenküste. Auch wenn die »Perle der Ostsee« deutlich kleiner als Rügen ist – mit Blick auf die landschaftliche Vielfalt und den Reichtum an seltenen Tier- und Pflanzenarten steht das kleine Eiland der großen Schwester in nichts nach.

Nationalpark Vorpommersche Boddenlandschaft

Bis auf die wenigen Siedlungen gehört Hiddensee seit 1990 komplett zum **Nationalpark Vorpommersche Boddenlandschaft**. Dieses Areal entspricht beinahe 70 Prozent der Gesamtfläche der Insel und umfasst fast 13 Quadratkilometer. Zu den markanten Orten der Insel gehört das über 70 Meter hohe Hügelland des Dornbusches, von dem aus der Hiddenseer Leuchtturm sein Licht bis weit auf die Ostsee hinausschickt. Zu den großen Sandhaken, die sich durch die Abtragungs- und Anlandungsprozesse des Meeres in ruhigen Flachwasserzonen gebildet haben, gehören auf Hiddensee der Gellen sowie die Landarme Alter Bessin und Neuer Bessin. Hiddensee ist als westlicher Wellenbrecher von Rügen besonders gefährdet für Sturmfluten. Landdurchbrüche konnten bisher immer wieder repariert werden und der Küstenschutz

Der Sonnenuntergang bietet eigentlich überall ein besonderes Spektakel – so auch hier über Hiddensee.

wurde nach 1945 wesentlich verstärkt. Einerseits führen Wind und Wasser zu Landabbrüchen am Nordufer des Dornbusches – andererseits zu Anlandungen von Schwemmsand an den Bessinen sowie am Gellen. Dadurch ist Hiddensee von ausgedehnten Flachwassergebieten umgeben, sodass die Schifffahrtsrinnen von Zeit zu Zeit vertieft werden müssen. Im schmalen Fahrwasser des Libben – einem blauen Band zwischen dem Neuen Bessin (Hiddensee) und der Halbinsel Bug (Rügen) – wird der Seeweg rund um beide Eilande durch Ausbaggerungen aufrechterhalten.

Insel der Natur

Hiddensee ist eine Oase der Natur. So gehören die Neulandbildungen am Gellen sowie am Alten und Neuen Bessin zu den wenigen weiträumig naturbelassenen Regionen Norddeutschlands. Dünenheide, Salzwiesen und die Magerrasen des Hügellandes repräsentieren hingegen alte Kulturfolgelandschaften. Diese Vielfalt auf engstem Raum mit der hochaufragenden Steilküste am Dornbusch, mit Haken und Windwatten, Strandwällen und Dünen, mit Hutungen und Überflutungsmooren kann Zeugnis für die Einmaligkeit

Im Seegebiet vor der Insel Hiddensee versammeln sich alljährlich von Juni bis August Schweinswale, um ihre Junge zu gebären.

Hiddensees ablegen. Einer der romantischsten und zudem vor den kühlen Westwinden geschützt liegenden Strände ist der Bessin-Strand. An den Weststränden dagegen tritt auch bei intensivster Erwärmung oftmals sehr kaltes Wasser mit Temperaturen um die zehn Grad Celsius auf. Das Wasser wird durch eine Parallelströmung zur Küste von der Nordspitze Hiddensees herangeführt. Gleich hinter dem kleinen Inselort Grieben können die Blicke über die Landarme Neuer Bessin und Alter Bessin sowie über die Halbinsel Bug auf der Insel Rügen schweifen. Auch die Watt- und Schlickflächen, die mit vielen kleinen Sandbänken durchsetzt sind, rücken optisch betrachtet in greifbare Nähe. Hier hat die Natur das Sagen – eine Erfahrung, die in Deutschland und Mitteleuropa selten geworden ist. Hiddensee ist ein Eiland voller Überraschungen, das bereit ist, immer wieder aufs Neue entdeckt, erfahren und erlebt zu werden.

Auch im Winter ist Hiddensee eine malerische Insel und reich an Vogelarten.

Vogelwarte Hiddensee

Der Stellenwert Hiddensees als Rastregion für Zugvögel sowie als Brutgebiet vieler heimischer Vogelarten wurde 1931 durch die Einrichtung eines festen ornithologischen Beobachtungspunktes im Rahmen eines »Greifswald-Rügenschen Beobachternetzes zur Untersuchung des Vogelzuges« untermauert. Aus dieser Station entwickelte sich 1936 eine Vogelwarte als Forschungsinstitut der Universität Greifswald. 1936 wurde die Einrichtung auf der kleinen Ostseeinsel als dritte deutsche Vogelwarte offiziell als »Vogelwarte Hiddensee« anerkannt. Ab 1962 fungierte diese einzige rein vogelkundlich ausgerichtete Forschungseinrichtung der DDR auch als nationale Beringungszentrale. In vielen Jahrzehnten danach wurden hunderttausende Vögel mit Ringen markiert, die die Aufschrift der Vogelwarte Hiddensee trugen, von der heute nur noch die Beringungszentrale übrig geblieben ist. Die Institution, die sich nach wie vor um die Koordinierung der Beringung wildlebender Vögel in den Bundesländern Brandenburg, Mecklenburg-Vorpommern, Sachsen, Sachsen-Anhalt und Thüringen sowie

Hinter dem Namen »Seehase« verbirgt sich ein Fisch, der vor den Küsten Hiddensees vorkommt.

Auch die Strandkrabbe, die häufigste Krabbenart an der Ostsee, ist auf Hiddensee oft zu entdecken.

um die Archivierung und wissenschaftliche Auswertung der entsprechenden Ring- und Zugdaten kümmert, gehört zum Landesamt für Umwelt, Naturschutz und Geologie Mecklenburg-Vorpommern. Die Beringungszentrale Hiddensee hat ihren Sitz in Greifswald. Während Zugvögel auf Hiddensee früher mithilfe von sogenannten Japannetzen auf Hiddensee und später auch am Kap Arkona (Rügen) gefangen wurden, geschieht das heute im Auftrag der Zentrale nur noch auf der Küstenvogelschutzinsel Greifswalder Oie zwischen Rügen und Usedom. Die Hiddenseer Vogelberinger fangen und beringen jährlich etwa 120000 Vögel von mehr als 200 Arten. Etwa 22000 Rückmeldungen pro Jahr, die durch Ringablesungen und Todfunde von Hiddensee-Ringvögeln anfallen, werden in der Beringungszentrale Hiddensee geprüft, archiviert und ausgewertet. Das Datenarchiv umfasst derzeit etwa 5,5 Millionen Beringungs- und etwa 500000 Wiederfund-Datensätze.

Fauna

Hiddensee ist Heimat für viele seltene Tierarten, die der Insel ihren Stempel aufdrücken. Schon aus der Luft betrachtet vermag das Eiland diesem Anspruch gerecht zu werden, denn die landschaftlichen Umrisse des Eilandes erinnern optisch an ein Seepferdchen. Im Windwatt vor Hiddensee rasten im Frühjahr und Herbst tausende Wasser- und Watvögel. Fast das ganze Jahr über können Natur- und Vogelfreunde hier den König der Lüfte, den majestätischen Seeadler, antreffen. Die Bedeutung der Insel für die Tierwelt – insbesondere für die Vogelwelt – wurde von pommerschen Ornithologen bereits im 19. Jahrhundert erkannt. So sind erste Ergebnisse vogelkundlicher Beobachtungen an der Nordwestküste von Rügen sowie auf der Insel Hiddensee bereits aus dem Jahr 1853 schriftlich überliefert. Da Hiddensee im Kreuzungsbereich der Vogelzug-Leitlinien von Nord nach Süd und von Ost nach West liegt, gehören die Beobachtungen des Vogelzuges im Frühjahr und Herbst bis heute zu den nachhaltigsten Erlebnissen für Besucher. Zu den Zugzeiten orientieren sich die Kleinvögel an den dem Festland vorgelagerten Landmarken. Eine solche Landmarke stellt der Dornbusch mit seinem dichten Bewuchs dar; hier fallen zahlreiche Vögel ein. Als Rast- und Nahrungsplatz für Küstenvögel ist auch der Geller Haken mit seinen Flachwassergebieten wichtig: Kraniche, Wasser- und Watvögel sammeln hier im Frühjahr und Herbst neue Kräfte für ihre weite Reise zwischen Brutgebiet und Winterquartier. Auch deshalb ist dieser Lebensraum als Kernzone (Schutzzone I) des Nationalparks Vorpommersche Boddenlandschaft für Besucher gesperrt.

Flora

Auch die Pflanzenwelt der Insel Hiddensee ist überaus vielfältig, da auf dem eng begrenzten Raum die Vegetationsformen Wald, Wiese, Heide, Moor, Strand und Düne vorkommen. Etwa 650 verschiedene Blütenpflanzen, 80 Moose und ebenso viele Flechten wurden auf der Insel nachgewiesen. Ein für das Landschaftsbild Hiddensees charakteristischer Strauch ist der Sanddorn, der am Kliffrand, in Schluchten und an der Steilküste ebenso gedeiht wie auf den Bessinen. Auf Dünen und in Dünentälern ist die Stranddistel zu finden. Ihr Bestand ist stark gefährdet, da die dekorativ wirkende Pflanze allzu gern von Hiddensee-Besuchern als Andenken mit nach Hause genommen wird, obwohl die Disteln unter strengstem Naturschutz stehen. Das gilt auch für den Meerkohl – eine an der deutschen Ostseeküste selten gewordene Strandpflanze. Auf Hiddensee hat ihr Bestand unter anderem durch nötig gewordene Küstenschutzmaßnahmen wie Strandaufspülungen stark abgenommen. Eine Rarität der Inselflora stellen der Rundblättrige und der Mittlere Sonnentau dar, den Naturliebhaber hier noch entdecken können. Auch diese Pflanzen sind streng geschützt! Das Heidegebiet zieht vor allem im Sommer Besucher in seinen Bann: Die durch ihr Dünenrelief auffallende Heidelandschaft wird von Zwergsträuchern wie der Besenheide – auch einfach Heidekraut genannt –, der Krähenbeere und der in etwas feuchteren Senken wachsenden Glockenheide gebildet. Auf dem nicht mit Wald bewachsenen Hügelland des Dornbuschs sind neben dem Sanddorn große Bestände von Ginster, Hunds- und Weinrose zu finden. Für die weitflächigen Magerrasen des Hügellandes sind unter anderem Thymian, Sand-Strohblume, Hügelerdbeere, Heidenelke und Golddistel charakteristisch. Im Sommer bilden die blühenden Grasnelken, die Labkräuter, die blauen Blüten von Natterkopf und Ochsenzunge zusammen mit den imposanten Königskerzen einen bunten Blüten- und Pflanzenteppich.

Der Sonnentau ist stark gefährdet und steht daher unter Naturschutz.

Im Norden von Hiddensee kann die ganze Insel eingesehen werden. Diese Fernsicht fasziniert seit jeher Einheimische und Gäste. Die Blicke schweifen frei über das Eiland, entdecken den Inselnorden, die Inselmitte und reichen bei klarem Wetter bis in den Inselsüden. Erst am Horizont finden sie eine natürliche Barriere.

Beeindruckende Ausblicke auf Land und Meer werden auf Hiddensee optisch nicht nur in greifbare Nähe geholt, sondern darüber hinaus ins Gedächtnis oder auf Zelluloid gebannt, mit Farbe und Pinsel auf der Leinwand eingefangen. Künstler und Wissenschaftler, Dichter und Denker, Sonnenanbeter und Badelustige, Strandwanderer und Bernsteinfischer – sie alle fühlen sich vom rauen Charme der Insel angezogen. Wer einmal kam, kommt immer wieder. Die unverwechselbare Landschaft, die sich auf kürzester Strecke grundlegend ändert, die Artenvielfalt von Fauna und Flora, die zu Exkursionen mit Fernglas und Lupe einlädt – bis heute hat sich die Insel ihre Eigenheiten bewahren können. Zeugnis dafür kann der abwechslungsreiche Inselnorden ablegen.

Der Norden Hiddensees aus der Luftansicht

Dornbusch

Von dem Ort **Kloster** aus lässt sich der Norden Hiddensees, der zugleich als landschaftlich schönster Teil des Eilandes gilt, in wenigen Stunden erwandern. Bei diesem Bereich handelt es sich um den **Dornbusch** – ein 3,5 Quadratkilometer großes Strauch-Endmoränengebiet, das als Ergebnis der Gletschertätigkeit der Weichseleiszeit vor etwa 12 500 Jahren entstanden ist. Der Dornbusch erreicht mit dem etwa 70 Meter hohen **Bakenberg** und dem gleich hohen **Schluckswiek** seine höchsten Erhebungen. Auf dem Dornbuschhügel Schluckswiek steht seit mehr als 100 Jahren das Wahrzeichen von Hiddensee: der **Leuchtturm Dornbusch**. Vom knapp 30 Meter hohen Leuchtfeuer aus können die Blicke bei klaren Wetterlagen ungestört zwischen Bodden und Meer pendeln: Ausblicke schöpferischer Art, die in vielen Kunstwerken ihren Widerhall fanden und finden. Der **Swantiberg**, der auf Hiddensee nur »Swanti« genannt wird, erhebt sich mit einer Höhe von etwa 72 Metern direkt an der Steilküste. Vielen Inselbewohnern ist er besonders durch die große Anzahl von Nisthöhlen der Uferschwalben bekannt, die in seiner Steilwand brüten. Ein anderer Steilküstenabschnitt im Norden Hiddensees, der zwischen Swantiberg und Klausner liegt, wird **Toter Kerl** genannt. Hier präsentiert sich die Ostsee an stürmischen Tagen wild und urgewaltig.

Von oben kann man den Dornbuschhügel und den Leuchtturm erkennen.

Eine Großmöwe (oben) fliegt über die Ostseeküste des Dornbuschs (unten).

Der Dornbusch ist einer von drei Inselbereichen Hiddensees, die für die Entstehung des Flachlandes verantwortlich sind. Er erstreckt sich von seinen flachen, am **Vitter Bodden** und bei Kloster gelegenen Ausläufern im Südosten bis zu einem rund 60 Meter aufragenden Kliff, an dessen Fuß ein mehr oder weniger breiter Geröllstrand ausgebildet ist. Überschwemmungen und Sturmhochwasser sorgen hier regelmäßig für größere Abbrüche und damit für den Rückgang der Steilküste. Das Material, das hier abgetragen wird, gelangt über die Meeresströmung auf die andere Seite der Insel und wird bei den Neulandbildungen an den Bessinen abgelagert. Zwischen dem Neuen Bessin und der gegenüberliegenden Halbinsel Bug befindet sich der **Libben**, die Meerenge zwischen den Ostseeinseln Hiddensee und Rügen. Vom höher gelegenen Inselnorden eröffnen sich auf Hiddensee immer wieder neue Landschaftspanoramen – von hier aus lassen sich bereits Blicke auf

die Inselmitte und den Inselsüden erhaschen, sodass das gesamte Eiland überblickt werden kann. Besucher sehen den flachen Inselteil im Süden, auf die Westküste brandende Ostseewellen, die romantisch anmutenden Bodden zwischen Hiddensee und Rügen sowie die fernen Kirchtürme der Hansestadt **Stralsund**. Wer seine Blicke über den Hiddenseer Dornbusch gleiten lässt, nimmt diesen Teil des Eilandes als weitgehend waldlose Ebene unter dem weiten Dach des Ostseehimmels wahr. Der einstmals recht üppige Dornbuschwald wurde 1628 während des Dreißigjährigen Krieges durch Wallensteins Truppen vernichtet und Nordhiddensee damit entwaldet. Nur ansatzweise entsteht hier heute wieder eine Walddecke. Das etwa 15 Kilometer lange Flachland der Insel Hiddensee, das sich südwärts anschließt, ist dagegen fast baumlos. Es läuft in der Dünenlandschaft der Landzunge **Gellen** aus.

Naturschutzgebiet Dornbusch und Schwedenhagener Ufer

Dort, wo es auf Hiddensee am bergigsten ist und der Leuchtturm sein Licht weithin sichtbar über die Ostsee schickt, befindet sich bis heute das **Naturschutzgebiet Dornbusch und Schwedenhagener Ufer**. Es ist der verbliebene Rest des einstmals über 300 Hektar großen Schutzgebietes, dessen größter Teil seit 1990 zum Nationalpark Vorpommersche Boddenlandschaft gehört. Eindrucksvoll an diesem Naturschutzgebiet ist nicht nur der freie Blick hinüber zum Nordteil der Insel Rügen, sondern auch die gelb leuchtende Blüte des Ginsters im Frühjahr. Zahlreiche Singvögel suchen auf ihren jährlichen Wanderungen in der üppigen Vegetation des Hiddenseer Hügellandes einen Unterschlupf, um sich vor dem kräftezehrenden Weiterflug über die Ostsee auszuruhen. Die exponierte Lage der Insel Hiddensee im Bereich der südlichen Ostsee macht das Eiland zu einem exzellenten Aussichtspunkt für Vogelkundler. Hiddensee ist vor allem für seine vielen Brutvögel bekannt. So leben in den Dornstrauchgebüschen des Dornbusches Buchfinke, Singdrosseln, Mönchsgrasmücken, Waldlaubsänger, Buntspechte und Ringeltauben. In den Kliffhängen nisten Uferschwalben und Hausrotschwänze. In der Nähe des **Klausners** brüten im Steilhang auch Kolkraben. Der Zaunkönig und der Karmingimpel bevorzugen die bewachsenen Hänge an dem Steilufervorsprung Hucke. Der hoch aufragende Dornbusch ist als Orientierungspunkt

Ein junger Star ruft nach seiner Mutter (oben). Die Ginsterblüte im Naturschutzgebiet Dornbusch lässt die Landschaft im Frühjahr in strahlendem Gelb aufleuchten (unten).

Auch Eichelhäher können im Naturschutzgebiet Dornbusch entdeckt werden. Charakteristisch ist ihre blau-schwarz gebänderte Außenfahne.

für ziehende Vögel wichtig. Wer die Zeit dafür hat, sollte während des Vogelzuges im Herbst und Frühjahr einmal einen ganzen Tag lang hier verweilen und die zahlreich über die Insel hinwegziehenden beziehungsweise in die Vegetation des Hiddenseer Hochlandes einfallenden Vogelschwärme beobachten. Oftmals sind Seltenheiten unter den gefiederten Inselgästen, beispielsweise Alpensegler, Blaumerlen, Gelbbrauen-Laubsänger, Bienenfresser und Wiedehopfe.

Hucke

An der Ostseeküste im Nordwesten der Insel Hiddensee lässt sich die Fauna und Flora der Ostseeküste gut entdecken: an der kleinen, leicht ins Meer geschobenen Landmarke, die als westlichster Steilufervorsprung den Namen **Hucke** trägt. Findlinge am Geröllstrand zeugen hier von den gewaltigen Kräften der Eismassen, welche die gigantischen Steine einst nach Hiddensee brachten. Der größte Findling am Nordufer der Hucke – dem sogenannten **Tiddenufer** – ist der **Bismarkfels** mit einem Rauminhalt von 12 Kubikmetern. Weitere Findlinge an der Hucke sind der **Zeppelinstein** mit zehn Kubikmeter Rauminhalt sowie mehrere kleine Findlinge, die **Saalsteine**. In diesem Namen findet sich der in früheren Zeiten nicht nur auf Rügen, sondern auch auf Hiddensee heimische Seehund wieder. Die großen Steine an der Hucke sind beliebte Sitz- und Ruheplätze für Küstenvögel: Möwen, Enten und Kormorane lieben diese natürlichen Erhebungen am Ostseestrand, die ein trockenes Gefieder garantieren. Auch Seltenheiten aus der Welt der Meeres- und Küstenvögel kommen hierher – beispielsweise Trottellummen, Tordalke, Gryllteisten, Wellenläufer und Prachteiderenten. Selbst Krabbentaucher wurden an der Hucke und damit in der Ostsee vor Hiddensee nachgewiesen. Die Hucke wird als Aussichtspunkt geschätzt, da in südlicher Richtung die gesamte Außenküste (Westküste) der Insel Hiddensee bis zum Festland überblickt werden kann. In nordöstlicher Blickrichtung lassen sich Teile des Hochlandes überschauen. Bei guter Sicht taucht in nördlicher Richtung die dänische Insel Møn am Horizont auf. Dieses Eiland, das eine ebenso markante Kreidesteilküste wie die Insel Rügen besitzt, liegt nur etwa 52 Kilometer Luftlinie von Hiddensee entfernt.

Eine Trottellumme, ein reiner Meeresvogel, schwimmt in der Nähe der Hucke.

Bessine

Vom nordöstlichsten Punkt der Insel Hiddensee, dem **Enddorn**, ziehen sich die Bessine als zwei breite, mit Sanddorn bewachsene Sandhaken in die Ostsee. Auf der Schwedischen Matrikelkarte aus dem Jahr 1695 ist der **Alte Bessin** als langgestreckte Halbinsel erstmals eingetragen. Der **Neue Bessin** ist durch rasante Anlandungsprozesse innerhalb der letzten 100 Jahre entstanden. Erste Pionierpflanzen wie Queller, Salzmiere und Spießmelde eroberten mühsam das nährstoffarme und zunächst noch salzhaltige Neuland. Später kamen Strandhafer, Sandsegge und sehr bald auch Sanddorn und Weißdorn dazu. Begünstigt wird die recht schnelle Entwicklung der Vegetation auf dem Alten Bessin bis heute durch den kalkreichen Boden dieses Landarms, der sich als Vorposten des hügeligen Hochlandes ins Meer schiebt. Vom Landarm Alter Bessin aus, der betreten werden darf und an dessen Ende (Südspitze) eine schilfgedeckte Beobachtungshütte steht, lassen sich mit Fernglas und Spektiv eindrucksvolle Blicke auf einen speziellen Naturraum sowie auf zahlreiche Vogelarten erhaschen. Enten, Möwen und Seeschwalben – darunter Zwergseeschwalben – verweilen hier. In den Sanddornbüschen am Wegrand brütet die Sperbergrasmücke, deren Gesang erst ab Mitte Mai zu hören ist. Neuntöter und auch der Sprosser haben hohe Brutdichten auf dem Alten

Die beiden Sandhaken des Neuen (links) und des Alten Bessins (rechts) sind von oben aus gut erkennbar.

Bessin. Zu den Zugzeiten rasten auf den von Schafen beweideten Flächen viele Singvögel – unter anderem Braunkehlchen, Steinschmätzer, Wiesenpieper und sehr selten auch Brach- und Spornpieper. Während der Alte Bessin in seinem Wachstum offenbar zur Ruhe gekommen ist, wächst der Neue Bessin jährlich um bemerkenswerte 30 bis 60 Meter. Inzwischen hat er die Länge des Alten Bessins weit übertroffen. Dieser Sandhaken gehört zur Kernzone (Schutzzone I) des Nationalparks Vorpommersche Boddenlandschaft und ist für den Besucherverkehr gesperrt.
Die mit Kies und Sand bedeckten Neulandflächen des Neuen Bessins sind wertvolle Küstenvogelbrutgebiete. Der Sandhaken wurde schon seit Jahrzehnten von Menschen weder genutzt noch touristisch erschlossen. Hier brüten neben der vom Aussterben bedrohten Zwergseeschwalbe auch Küstenseeschwalben, Sandregenpfeifer, Austernfischer, Säbelschnäbler und Brandgänse. Von überregionaler Bedeutung ist das dem Neuen Bessin vorgelagerte Windwatt, die **Bessinsche Schaar**. Diese Flachwasserzone in Form einer riesigen Sandbank, die je nach Wasserstand überflutet ist oder trockenfällt, ist Rastplatz und Nahrungsfläche für tausende Gänse, Watvögel und Kraniche. Zugvögel können im Frühjahr und Herbst in Ruhe Kraft für ihre weite Reise zwischen den Brutrevieren und Überwinterungsgebieten sammeln. Auf den weitläufigen Sand- und Schlickflächen der Bessinschen Schaar finden sich neben hunderten

Eine Zwergseeschwalbe brütet auf den kiesigen Neulandflächen des Neuen Bessins.

von Kormoranen, Mantel- und Silbermöwen sowie Kanada-, Bläss- und Weißwangengänsen in manchen Jahren auch Exemplare der seltenen Ringelgans ein. Hin und wieder ruhen hier auch Kegelrobben und Seehunde aus. Regelmäßig werden die Wasser- und Sandflächen vor dem Neuen Bessin von Seeadlern zum Verweilen und Fressen genutzt. Besonders im Winter, wenn weite Teile der flachen Gewässerbereiche rund um die Bessine mit einer dicken Eisschicht überzogen sind, kommt Europas größter Adler in größerer Zahl hierher. In strengen Wintern wurden im Bereich von Hiddensee bis hinüber nach Westrügen schon mehr als 100 Seeadler gezählt. Die mächtigen Greifvögel, die nicht nur aus dem deutschen Binnenland, sondern auch aus Skandinavien und dem Baltikum ins vorpommersche Küstenland kommen, lassen sich dann bereits bei der Überfahrt mit dem Fährschiff von **Schaprode** nach Hiddensee beobachten, da die Seeadler neben der eisfreien Fahrrinne auf Beute lauern.

Die ausgedehnten Sand- und Schlickflächen der Bessinschen Schaar

Auf dem Alten Bessin ruft ein Drosselrohrsänger laut sein Lied in die Welt, um sein Revier zu markieren.

Inselmitte

Die Inselmitte von Hiddensee, das schmale Land zwischen Bodden und Meer, liegt nur einen halben bis einen Meter über dem Meeresspiegel. Hochwasser überflutet im Winterhalbjahr manche Wiesen bis an den Fuß der etwas höher gelegenen Heideflächen. Wenn es im Frühjahr abgeflossen ist, beginnt auf den Salzwiesen neues Leben. Tiere und Pflanzen erobern den Lebensraum zwischen Bodden und Meer zurück.

Kiebitze und Bekassinen vollführen im Frühjahr ihre temperamentvollen Hochzeitflüge, Pferde und Kühe werden auf die Wiesen getrieben. Beweidung und Mahd (Mähen von Gras) sorgen seit Jahrhunderten auf den Überflutungsmooren für die Existenz schilffreier Wiesen. Speziell an salzhaltige Böden angepasste Pflanzenarten wie Salz-Binse, Strandwegerich und Strandmilchkraut wachsen auf diesem Salzgrasland. Auf den von Süßwasser beherrschten Wiesenflächen findet eine in Deutschland selten gewordene Orchidee – das Breitblättrige Knabenkraut – ideale Bedingungen. In Nachbarschaft dieser botanischen Rarität gedeihen mit der Kuckuckslichtnelke, dem Scharfen Hahnenfuß und dem Wiesenschaumkraut weitere auffällige Vertreter der heimischen Flora.

Die Inselmitte Hiddensees ist sehr schmal. Oben rechts erkennt man die kleine Fährinsel.

S. 173: Eine Silbermöwe an der Vitter Ostseeküste.

Vitter Ostseeküste

Wer in der Inselmitte nahe der Ortschaft **Vitte** die Ostseeküste besucht, kann weit über das Meer blicken. Auf den Buhnen sitzen Möwen, auf den Wellen schwimmen Taucher und Enten. Sowohl linker- als auch rechterhand können die Blicke entlang der Hiddenseer Küsten bei klarer Sicht weit und ungehindert schweifen. Das Entdecken und Erleben der Ostsee vor Hiddensee ist hier ganz unmittelbar, echt und unverfälscht. Die Ostsee enthält als größtes Brackwassermeer der Erde ein Gemisch aus Salz- und Süßwasser. So haben sich in den 10000 Jahren seit Bestehen dieses Gewässers vergleichsweise wenige Tier- und Pflanzenarten an den ungewöhnlichen Salzgehalt angepasst. In den Gewässern um Hiddensee liegt er zwischen sieben und dreizehn Prozent. Im Vergleich dazu hat die Nordsee einen Salzgehalt von 35 Prozent. So stehen den etwa 60 Muschelarten der Nordsee nur etwa eine Handvoll Arten gegenüber, die in der Ostsee leben und somit auch an Hiddensees Küsten zu finden sind. Wegen des geringeren Salzgehaltes erreichen die Miesmuscheln, Sandklaffmuscheln, Herzmuscheln und Baltische Plattmuscheln in der Ostsee auch nicht die Größe ihrer Verwandten, die im Salzwasser leben.

Die einzige Verbindung der Ostsee zum Weltmeer besteht über die dänischen Wasserstraßen und das Kattegat. Durch sie verlassen jährlich etwa 960 Kubikkilometer Brackwasser mit der oberflächennahen Strömung die Ostsee, während in tieferen Lagen etwa 475 Kubikkilometer Salzwasser zufließen. Aufgrund der geringen Fließgeschwindigkeit des Wassers vergehen rund 25 bis 50 Jahre, bis das gesamte Wasser der Ostsee einmal komplett ausgetauscht ist. Diese Beschaffenheit verleiht der Ostsee einen unverwechselbaren Charakter. Auf Störungen reagiert das Ökosystem des Baltischen Meeres überaus empfindlich. Die Ostsee trennt und verbindet Nordeuropa und Skandinavien. Das Becken der zentralen Ostsee wird im Westen und Süden von Schweden, Dänemark, Deutschland, Polen und den Baltischen Republiken begrenzt. Während sich der lange Arm des Bottnischen Meerbusens im Norden zwischen Schweden und Finnland bis auf 50 Kilometer an den Polarkreis erstreckt, reicht der Finnische Meerbusen im Osten bis nach St. Petersburg an

Die Vitter Ostseeküste an einem stürmischen Tag

Diese Sandgarnele lebt in der Nähe der Vitter Ostseeküste und kann beinahe zehn Zentimeter lang werden.

Ein Steinbutt hat sich perfekt an seine Umgebung angepasst.

der russischen Küste. Von einigen schmalen Verbindungen zur Nordsee einmal abgesehen, ist die Ostsee fast vollständig von Land umgeben. Der Zustrom frischen salzhaltigen Meerwassers aus der Nordsee wird in der Tiefe durch eine Vielzahl quer verlaufender Schwellen und Becken aus dem Meeresboden behindert. Der mangelhafte Wasseraustausch mit dem offenen Ozean und der starke Frischwasserzustrom aus den Flüssen der umliegenden Länder sind Ursache für den von Süden nach Norden hin beträchtlich abnehmenden Salzgehalt des Wassers. Den etwa 660 Kubikkilometern Süßwasser, die pro Jahr durch Flüsse oder als Regen in die Ostsee gelangen, steht eine wesentlich geringere Verdunstungsrate gegenüber. Dieser Überschuss an Frischwasser ist eine der Hauptursachen für den Brackwasser-Charakter der Ostsee.

Auch Miesmuscheln kommen in der Ostsee vor Vitte in großer Zahl vor, sind hier aber wegen des geringen Salzgehalts kleiner als ihre Verwandten, die beispielsweise in der Nordsee leben.

Klosterwiesen

Das Feuchtgebiet der **Klosterwiesen** liegt am Hauptweg zwischen den Inselorten Kloster und Vitte. Während hier im Frühjahr Bodenbrüter wie Kiebitze, Bekassinen und Feldlerchen den Ton angeben, findet im Herbst ein einmaliges Naturschauspiel statt: Auf den überschwemmten und mit Prielen durchzogenen Klosterwiesen versammeln sich im September und Oktober zahlreiche Kanada- und Weißwangengänse, die auf ihrer Wanderung von Skandinavien nach Süden einen mehrwöchigen Zwischenstopp einlegen. Von der einzigen Straße aus, die zwischen beiden Inselorten verläuft, lassen sich die sonst eher scheuen Wildgänse sehr gut beobachten. Da das Sehen und Beobachten, Wissen und Verstehen eng miteinander in Verbindung stehen, hat das Nationalparkamt Vorpommern am Hauptweg neben den Klosterwiesen 1998 das **Nationalparkhaus Hiddensee** errichtet. Jährlich informieren sich hier bis zu 50 000 Besucher über das Großschutzgebiet an Bodden und Meer.

Das Nationalparkhaus mit klassischem Reetdach

Fährinsel

Neun kleine Inseln befinden sich zwischen den großen Eilanden Hiddensee und Rügen – darunter auch die **Fährinsel** (etwa auf der Höhe zwischen Vitte und Neuendorf). Das kleine Eiland, das zur Gemeinde Seebad Insel Hiddensee zählt, liegt dicht an Hiddensee auf der vom Meer abgewandten und somit geschützten Seite des »Söten Lännekens« – genau an der Grenze zwischen **Vitter Bodden** und **Schaproder Bodden**. Die Fährinsel ist durch einen etwa 180 Meter breiten Boddenarm – den **Bäk** – vom Hiddenseer Ufer getrennt. Das rund 40 Hektar große Eiland besteht einerseits aus dem **Roschen**, einem nur 40 Zentimeter über dem Meeresspiegel liegenden Abschnitt, der regelmäßig überflutet wird. Andererseits besitzt die Fährinsel zahlreiche Strandwälle mit einer Höhe von zwei Metern über Normalnull. Obwohl die Fährinsel schon seit jeher zu Hiddensee gehört, findet sich auf der ältesten Karte von 1532, die Hiddensee darstellt, noch kein Hinweis auf das Inselchen. Erst 1608

Diese Säbelschnäbler können in der Nähe der kleinen Fährinsel beobachtet werden. Ihre langen, leicht nach oben gebogenen Schnäbel sind einzigartig.

ist das winzige Eiland im Bodden vor Hiddensee auf der Lubinschen Karte als »Fehr« verzeichnet. Ihren Namen bekam die kleine Insel von den Fährleuten, die die einzige Schiffsverbindung zwischen Hiddensee und Rügen aufrechterhielten. Der Bodden zwischen der Fährinsel (Hiddensee) und dem Örtchen Seehof (Rügen), der **Trog** genannt wird, ist mit einer Breite von 1200 Metern die kürzeste Verbindung zwischen den beiden Inseln. In besonders kalten Wintern, die die Boddengewässer um Hiddensee mit einer dicken Eisdecke versehen können, riskieren manche Menschen, diesen kürzesten Weg über das Eis von Hiddensee nach Rügen oder umgekehrt auszuprobieren. Eine gefährliche Angelegenheit: Bei steigendem oder fallendem Wasserstand – hervorgerufen durch das Einströmen von Ostseewasser in die Boddengewässer oder das Abfließen von Boddenwasser in die Ostsee – hat der schmale Trog eine düsenartige Wirkung. Der Durchfluss des Wassers verhindert meist die Bildung einer tragenden Eisdecke.

Früher war die Fährinsel als Küstenvogelschutzgebiet ein wichtiges Rückzugs- und Brutgebiet für See-, Wasser- und Watvögel. Da in den letzten 30 Jahren der Druck durch eingewanderte Räuber wie Marderhunde und Minke auf am Boden brütende Küstenvögel sehr groß geworden ist, ist heute über die Hälfte der ehemals mehr als 30 in Mecklenburg-Vorpommern existierenden Küstenvogelschutzgebiete verwaist. Die einstmals großen Möwen- und Seeschwalbenkolonien, die auf der Fährinsel über viele Jahrzehnte hinweg Bestand hatten, sind komplett verschwunden. Eine Vogelart, die bis heute auf der kleinen Insel vor Hiddensee ihre Nester unter den dort existierenden Wacholderbüschen errichtet, ist der seltsam anmutende Mittelsäger – ein Entenvogel, dessen langer schmaler Schnabel mit Hornplättchen versehen ist. Da diese an die Zacken eines Sägeblattes erinnern, tragen die Vertreter dieser Vogelgruppe ihren außergewöhnlichen Artnamen. Neben dem Mittelsäger, der auf den Inseln Hiddensee und Rügen als Brutvogel heimisch ist, nistet auf Rügen auch der größte Vertreter aus der Familie der Säger: der Gänsesäger. Der Dritte im Bunde, der exotisch aussehende Zwergsäger, ist auf beiden Inseln als Wintergast aus dem hohen Norden zu beobachten. Von der Fährinsel stammen auch Nachweise und Beobachtungen von Seehunden.

Ein Seehund guckt in der Nähe der Fährinsel aus dem Wasser.

Inselsüden

Während im Norden der Insel Hiddensee Wind und Wellen unaufhörlich an der Steilküste des Dornbusches nagen, wird das abgetragene Material durch parallel zur Küste verlaufende Strömungen abtransportiert. Ein Teil davon wird im Inselsüden abgelagert. Fast wöchentlich entsteht hier neues Land auf Zeit, das den Kräften des Meeres in einem natürlichen Prozess abgetrotzt wird.

Der Süden von Hiddensee ist flach und schmal. Die Landschaften an Bodden und Meer werden alljährlich von den Frühjahrs- und Herbststürmen durchgepustet. Der raue Charme dieser Küstenlandschaft wird hier auf Schritt und Tritt spürbar. An klaren Tagen reicht der Blick entlang der Sandbänke, Flachwasserzonen, Strände und Dünen bis hinüber nach Barhöft, zur Insel Bock, den Werderinseln und Pramort und zur äußersten Spitze der Halbinsel Zingst. Eine Reise des Augenblicks – über kostbare Landschaften des Nationalparks Vorpommersche Boddenlandschaft hinweg.

Vom Süden der Insel Hiddensee aus hat man an klaren Tagen einen fantastischen Blick.

Naturschutzgebiet Dünenheide

Im Süden der Insel Hiddensee befindet sich das 75 Hektar umfassende **Naturschutzgebiet Dünenheide**, das für bedrohte Pflanzen- und Tierarten wie den Sonnentau und die Kreuzotter letzte Rückzugsmöglichkeit an der Ostseeküste von Mecklenburg-Vorpommern ist. Das Gebiet ist wie das gesamte flache Hiddenseer **Süderland** ein Ergebnis eiszeitlicher und nacheiszeitlicher Landwerdung. Mit Gründung des Hiddenseer Klosters im Jahr 1296 wurden die Wälder der Insel mehr und mehr gerodet. Der große Bedarf an Bau- und Brennholz sowie die Beweidung der Flächen haben bereits früh die großflächige sogenannte Verheidung des Gebietes eingeleitet. Heiden werden zu den Halbkulturlandschaften gezählt, deren Entstehung und Erhalt auf menschliche Einflüsse zurückgehen, jedoch ohne dass etwas gesät oder gepflanzt wurde. Natürliche Standortbedingungen für Heiden sind nährstoffarme saure Böden, atlantisches Klima und – speziell bei Küstenheiden – Windanrisse und Sandüberwehungen. Das wechselvolle Dünenrelief der Hiddenseer Dünenheide ist im Zeitraum von 1700 bis 1850 entstanden, als durch Überweidung und starke Stürme erhebliche Sandmassen verweht wurden.

Diese grasgrüne Heuschrecke lebt im Naturschutzgebiet Dünenheide.

Die auffälligsten Pflanzen der Hiddenseer Dünenheide sind die Besenheide und die Krähenbeere. Beide Arten lassen sich aufgrund ihrer verholzten Sprossachsen den Zwergsträuchern zuordnen. Sie bedecken nahezu die gesamte Heidefläche. Die Besenheide – auch Heidekraut genannt – verdankt ihren deutschen Namen einer alten Nutzung: Ihre kräftigen Triebe wurden einst zu Besen verarbeitet. Eine Vielzahl von rotlila Blüten verwandelt die Heide Ende August in ein von Bienen und kleinen Faltern reich besuchtes Blütenmeer. Die Schwarze Krähenbeere erreicht das beachtliche Alter von 80 Jahren. Aufgrund ihres niedrigen Wuchses und ihrer Toleranz gegenüber Sandüberwehungen ist sie für küstennahe Heidelandschaften charakteristisch. Um den Wasserverlust durch Verdunstung zu verringern, sind die Blätter der Krähenbeere parallel zur Längsachse nach innen eingerollt und so in Aussehen und Funktion den Blättern der Nadelbäume ähnlich. Die zahlreichen schwarzblauen Früchte dienen vielen Vogelarten als Nahrung. Krähen tragen zur Vermehrung des Zwergstrauches bei, da sie die Samen der beerenartigen Steinfrüchte unversehrt wieder ausscheiden. Während der Zugzeit lassen sich gelegentlich hunderte Brachvögel die Beeren schmecken. Darüber hinaus wächst am Dünenhang der Gewöhnliche Tüpfelfarn. An warmen trockenen Sommertagen wird die unglaubliche Vielfalt der Insekten in der Hiddenseer Dünenheide deutlich. Die rastlos über den Sand laufenden Wegwespen schleppen nicht selten eine Spinne im Rückwärtsgang in ihre Höhle. Die Beute wird mit einem Giftstich gelähmt, dann legt das Weibchen ein Ei darauf ab. Die daraus schlüpfende Larve frisst als erstes ihren Wirt auf, ehe sie sich als ausgewachsene Wegwespe von süßen Pflanzensäften ernährt. Neben der Wegwespe sind in der Hiddenseer Dünenheide auch Grab-, Gold-, Blatt- und Schlupfwespen in mehreren Arten vertreten. Die Heide dokumentiert mit ihrer reichhaltigen Insektenwelt an Käfern, Wanzen, Faltern, Hautflüglern und Heuschrecken ihre Brückenfunktion zwischen Skandinavien und Mitteleuropa. In Nachbarschaft der Wespen wächst der dritte Zwergstrauch der Hiddenseer Dünenheide, die Kriechweide. Sie ist über die gesamte Heide verbreitet, mischt sich aber verhältnismäßig unscheinbar unter die anderen Sträucher.
Aufmerksames und vorsichtiges Verhalten wird im Naturschutzgebiet mit etwas Glück mit einer seltenen Tierbeobachtung belohnt: Die Kreuzotter hat in der Heide ihren idealen Lebensraum. Oftmals haben die lautlos über den warmen Sand gleitenden Schlangen jedoch schon unter dichtem Heidekraut

Schmetterlinge wie Tagpfauenaugen (oben links), Pflanzen wie Heidekraut (oben rechts) und Vipern wie Kreuzottern (unten) haben den Süden Hiddensees als Lebensraum erobert.

Diese zwei Grasfrösche fühlen sich in der Nähe der Hiddenseer Dünenheide sichtlich wohl.

einen sicheren Unterschlupf gefunden, bevor der Mensch sie erspäht. Die Hiddenseer Dünenheide ist bekannt für das Vorkommen einer völlig schwarzen Form der Kreuzotter, die auch Höllenotter genannt wird. In der Nähe von Tümpeln und feuchten Senken ist das größte heimische Reptil, die Ringelnatter, anzutreffen. Neben Waldeidechsen sind im östlichen Heideteil auch mehrere verschiedene Lurcharten heimisch – beispielsweise der Teichmolch, der Grasfrosch und die Wechselkröte. Die stattlichen Kiefern des zwischen 1908 und 1911 gepflanzten Küstenschutzwaldes bieten ihnen bei sengender Sommersonne etwas Schatten. In den sechziger Jahren wurde der Waldstreifen nach Norden erweitert, daran schließen sich die mit Baltischem Strandhafer befestigte Weißdüne und der Ostseestrand des Inselsüdens an. Auf der freien Fläche am Strandübergang, auf der keine Zwergsträucher mehr wachsen, wird die ganze Blütenpracht einer Graudüne deutlich. Die kräftig rosafarbenen Köpfe der auf Hiddensee weitverbreiteten Grasnelke wiegen im Wind. Nur schwach heben sich die mattblauen Bergsandknöpfchen von der Farbe des Bodens ab. Die zahllosen gelben Blütentupfer gehören zum Doldigen Habichtskraut. Ein weiteres Merkmal der Hiddenseer Dünenheide ist ihr Reichtum an Flechten, die an vielen Stellen den Boden flächenartig überziehen. Häufige Arten sind Rentier- und Becherflechten.

Gellen

Der südliche Teil der Insel Hiddensee – der **Gellen** oder auch **Halbinsel Gellen** – ist ein erdgeschichtlich betrachtet noch sehr junger Sandhaken. Diese Neulandbildungen, die aus nacheiszeitlichen Sandablagerungen bestehen, zählen zu den wenigen weiträumig naturbelassenen Regionen Deutschlands und zu den wertvollsten Naturflächen Hiddensees. Während vor allem auf dem Alten Bessin im Inselnorden mit seinem kalkhaltigen Boden der Sanddorn zusammen mit dem Weißdorn und der Hundsrose schnell ein undurchdringliches Dickicht bildete, kommt die Entwicklung der Vegetation auf den jungen Anlandungsflächen am Gellen aufgrund des ärmeren Sandbodens nur schwer in Gang. Hier gedeihen selten gewordene Pflanzen wie das Wollgras und der Rundblättrige Sonnentau. Als Nahrungs- und Rastplatz für Küstenvögel sind der **Gellen-Haken** und die Flachwassergebiete während der Zugzeit von überregionaler Relevanz: Tausende Kraniche, Wasser- und Watvögel sammeln hier im Frühjahr und Herbst Kräfte für ihre Reise zwischen den Brutgebieten und den Winterquartieren. Der Gellen, der maximal 500 Meter breit, etwa fünf Kilometer

Der Süderleuchtturm im Süden Hiddensees ist lediglich zwölf Meter hoch.

S. 186/187: Der Dünenwald Gellens.

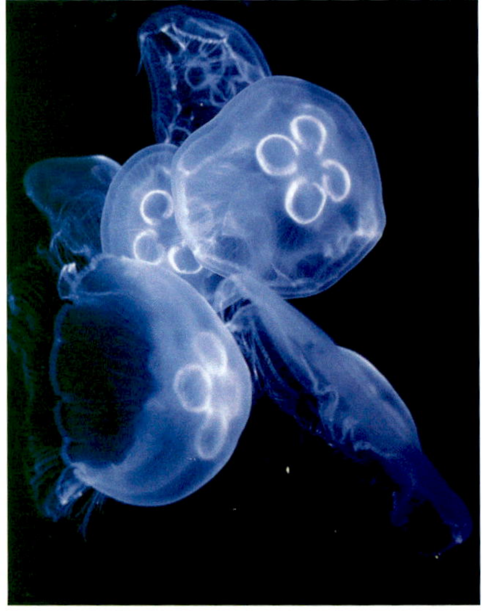

Kegelrobben (oben), Sandgrundeln (unten links) und Ohrenquallen (unten rechts) leben in den Gewässern vor der Halbinsel Gellen.

Ihr silbergraues Rückengefieder schützt die Silbermöwe – hier an der Geller Ostseeküste – vor Hitze.

lang und dabei nur wenige Meter hoch ist, gehört zur Schutzzone I (Kernzone) des Nationalparks Vorpommersche Boddenlandschaft und ist für den Besucherverkehr gesperrt. Das gilt auch für den Strandbereich, denn hier brütet der seltene Sandregenpfeifer.

Der Gellen ist ein ehemaliges Naturschutzgebiet, das seit vielen Jahren von Menschen in keiner Hinsicht genutzt wurde. Der Sandhaken besteht aus einem System von Strandwällen und sich überlagernden Dünen, die in ständiger Umlagerung begriffen sind. Während der **Neugellen** (Klimphoresbucht bis zur Südspitze) jährlich bis zu fünf Meter in die Ostsee wächst, wird am **Altgellen** (Neuendorf bis Klimphoresbucht) Sand abgetragen. Südlich des Gellens schließt sich ein weitläufiges Windwatt – der **Vierendehlgrund** – an, das gelegentlich trockenfällt. An der Westküste des Neugellens befindet sich ein bis zu vier Meter hohes Kliff, das von der Dünenbildung herrührt. Neben dem Leuchtturm auf dem Dornbusch im Norden kann Hiddensee mit einem zweiten Leuchtfeuer im Süden aufwarten, dem **Süderleuchtturm**. Dieses Bauwerk ist ein Quermarkenfeuer, das sich auf dem Altgellen befindet. Der nur zwölf Meter hohe runde Turm wurde 1905 aus rot und weiß angestrichenen Eisensegmenten auf einem Steinsockel errichtet.

Bemerkenswert ist der Küstenwald am Gellen, in dem der Süderleuchtturm steht. Der Wald besteht aus den sogenannten Windflüchtern, windschiefen Küstenkiefern. Kaum an einer anderen Stelle der Insel Hiddensee wird der Reiz des Ostseeeilandes so lebendig wie im Inselsüden.

Gänsewerder

Zum Gellen-Haken gehört auch die kleine Insel **Gänsewerder**. Das vier Hektar kleine Eiland, das etwa 400 Meter östlich der Halbinsel Gellen im Schaproder Bodden liegt, war früher eine wichtige Brutinsel für den vom Aussterben bedrohten Säbelschnäbler. Die zunehmende Bedrohung durch Räuber wie Minke und Marderhunde sowie Störungen durch Wassersport und Tourismus haben jedoch das Ende des Gänsewerders als Seevogelinsel besiegelt. So wie der gesamte Sandhaken Gellen gehört auch der Gänsewerder zur Schutzzone I (Kernzone) des Nationalparks Vorpommersche Boddenlandschaft und darf nicht betreten werden. Die Oberfläche des Gänsewerders ist flach, sandig, feucht und nur von Schilf und Kleinpflanzen bewachsen. Im Nordosten des Eilandes befindet sich ein kleiner Teich. Die Insel hat eine von Südwest nach Nordost geneigte ovale Form.

Der Säbelschnäbler ist nicht nur aufgrund seines langen Schnabels, sondern auch wegen seines weißen Gefieders mit wenig Schwarz unverwechselbar.

Die Natur der Ostseeinseln Rügen und Hiddensee – eng verbunden mit atemberaubenden und abwechslungsreichen Landschaften sowie faszinierenden Tierarten – ist ausgesprochen vielfältig und beeindruckend. Die Intensität der Natur wechselt mit den Jahreszeiten, ist manchmal spektakulär, nicht selten aber auch erst bei genauem Hinschauen erlebbar. So sind es vor allem drei Dinge, die der Naturfreund, Wanderer und Entdecker auf Rügen und Hiddensee erfahren kann: Die Eilande bieten eine Chance zur »Entschleunigung« und zur Freude an der beeindruckenden Natur vor unserer Haustür. Die Inseln fordern unseren Respekt vor ihrer Schönheit ab. Schließlich rufen die Eilande uns Menschen auf, alles Erdenkliche und Machbare zu unternehmen, um den Erhalt und Schutz dieser einzigartigen Meeres-, Küsten- und Boddenwelten sowie der kostbaren Fauna und Flora sicherzustellen.

Glossar

Glossar

Aktives und inaktives Kliff

Die Außenküsten der Inseln Rügen und Hiddensee sind der Kraft des Meeres ständig ausgesetzt. In jenen Bereichen, die Wind und Wellen schutzlos ausgeliefert sind, findet sich die Kliffküste. Bei dieser Küstenform wird durch das Wirken der Meeresbrandung eine Steilküste gestaltet. Die Wellen des Meeres prallen bei Sturmhochwasser an den Fuß des Steilufers, wo das Kliff ausgehöhlt wird. Küstenbereiche, die nie zur Ruhe kommen und bei denen die Abtragungsprozesse fortwährend andauern, sind aktive Kliffe. Bei einem inaktiven Kliff, das auch als Ruhekliff bezeichnet wird, wurden die betroffenen Küstenbereiche durch tektonische Landhebungen weiter landeinwärts verlegt, sodass die Meeresbrandung das Kliff nicht mehr erreichen kann.

Artenvielfalt

Von der 413 000 Quadratkilometer großen Ostsee nehmen die Wasserflächen rund um die Inseln Rügen und Hiddensee nur einen kleinen Teil ein. Da das größte Brackwassermeer der Erde fast vollständig von Land umgeben ist und als Nebenmeer des Atlantiks eine nur relativ kleine Verbindung zum offenen Meer besitzt, leben in der Ostsee vor Rügen und Hiddensee im Vergleich zur Nordsee deutlich weniger Tierarten. Dennoch bieten die Eilande zwischen Bodden und Meer mit ihren Säugetieren, Vögeln, Fischen und Wirbellosen einer faszinierenden Fauna vielfältige Nahrungsgrundlagen, abwechslungsreiche Lebensräume und ideale Fortpflanzungsbedingungen.

Außen- und Binnenküste

Für Rügen und Hiddensee ist nicht nur typisch, dass beide Eilande als Inseln komplett von Wasser umgeben sind. Durch ihre Lage im Bereich der Südlichen Ostsee ergeben sich in geografischer und ökologischer Sicht außerdem Außen- und Binnenküsten – beispielsweise durch Wind- und Strömungsverhältnisse. Strand-, Kliff- und Uferbereiche, die der offenen See schutzlos ausgeliefert sind, werden als Außenküsten bezeichnet. Dagegen ordnen sich jene Bereiche, die vor der Meeresbrandung geschützt liegen, in die Abschnitte der Binnenküste ein.

Biodiversität

»Biodiversität« steht als umfassender Begriff für die biologische Vielfalt. Diese Bezeichnung reflektiert im umweltpolitischen Sinn neben der Artenvielfalt auch die genetische Vielfalt und schließt darüber hinaus die Ökosysteme und die Landschaft mit ein.

Biosphärenreservat (BSR)

Von den derzeit mehr als 600 Biosphärenreservaten auf der Welt befinden sich 16 Großschutzgebiete dieser Art in Deutschland, wovon 15 von der UNESCO anerkannt sind. Drei Biosphärenreservate liegen in Mecklenburg-Vorpommern, von denen das Biosphärenreservat Südost-Rügen mit einer Fläche von etwa 23000 Hektar (davon über 12000 Hektar Wasserfläche) das kleinste ist. Biosphärenreservate sind Modellregionen, in denen eine nachhaltige Wirtschafts- und Lebensweise entstehen soll. Nicht umsonst trägt das entsprechende Programm der UNESCO den Titel »Der Mensch und die Biosphäre«. In diesen Reservaten ziehen zertifizierte Partner unter dem Dach einer gemeinsamen Naturschutzidee an einem Strang.

Biotop

Ein Biotop ist ein durch Vegetationsstruktur und Standortbedingungen räumlich abgegrenzter Lebensraum, in dem bestimmte Tier- und Pflanzenarten in einer Lebensgemeinschaft vorkommen.

Blockpackung

Blockpackungen sind natürliche Anreicherungen größerer Steine, die während der Eiszeit am Rand des Inlandeises abgelagert wurden. Nur die großen Steine blieben liegen, während das feinere Material durch Niederschlags- und Gletscherschmelzwässer weggespült wurde und sich in Meeren, Flüssen und Seen ablagerte. Blockpackungen sind für den Arten- und Naturschutz von großer Bedeutung und stehen daher als seltene landschaftsbildende Elemente unter Geotopschutz.

Bodden

Im Küstensaum von Mecklenburg-Vorpommern erstreckt sich auf der Binnenseite der Inseln Rügen und Hiddensee eine Kette buchtenreicher Gewässer, die nur schmale Durchflüsse zur freien Ostsee besitzen: die Bodden. Diese einstigen Meeresbuchten sind bemerkenswert, denn sie zählen weder zum Meer noch zu den Binnenseen und enthalten nur schwach salziges Wasser. Mancher Bodden erinnert an ein Haff, einen vom Meer abgeschnürten Teil der Mündungsbucht eines großen Flusses. Die Boddengewässer verleihen den Insellandschaften einen speziellen Reiz und beherbergen eine artenreiche Flora und Fauna.

Dünen

Von der Wasserlinie landeinwärts bilden sich an der Ostseeküste die Pflanzengesellschaften des Spülsaumes, der Vordüne, der Weißdüne, der Graudüne und der Braundüne heraus, wobei die Übergänge zwischen ihnen fließend sind. Die meisten Küstenabschnitte sind vom Menschen verändert und zeigen nicht mehr diese natürliche Gliederung, die fast nur noch in den geschützten Küstenbereichen nachweisbar ist. Dünen, die mit Strandhafer bepflanzt und dadurch befestigt werden, dienen dem Küstenschutz. Sie sind Lebensraum für viele Insekten.

Fische

Fische besiedeln in der Ostsee vor Rügen und Hiddensee verschiedene Lebensräume. Sie leben im Freiwasser, in schlammigen, sandigen oder steinigen Böden, in den üppigen Pflanzenbeständen des Flachwassers, in Häfen sowie in den salzarmen, inneren Küstengewässern. Das Vorkommen einzelner Fischarten hängt neben anderen Umweltfaktoren vor allem vom Salzgehalt der Ostsee ab, denn nur wenige Arten vertragen eine variierende Salzkonzentration. Die Fischfauna der Ostsee ist daher ein örtlich unterschiedliches Gemisch aus Meeres- und Süßwasserfischen. Dennoch sind nicht selten gewaltige Fischschwärme zwischen der glitzernden Wasseroberfläche und dem dunklen Meeresgrund unterwegs. Vor allem Dorsche, Heringe und Hornfische kommen im Frühjahr und Sommer in großer Zahl in die Ostsee vor Rügen und Hiddensee, um hier zu laichen.

Fauna-Flora-Habitat-Richtlinie (FFH)

Mit der Fauna-Flora-Habitat-Richtlinie zur Erhaltung der natürlichen Lebensräume sowie der wildlebenden beziehungsweise wildwachsenden Tiere und Pflanzen wurde am 21. Mai 1992 von der Europäischen Union ein weiteres umfassendes rechtliches Instrumentarium zum Lebensraum- und Artenschutz geschaffen. Die Hauptziele der FFH-Richtlinie bestehen in der Erhaltung der biologischen Vielfalt durch die Sicherung und Wiederherstellung von Lebensräumen und Populationen bedrohter Arten. Dies erfolgt primär über die Ausweisung von FFH-Gebieten und Europäischen Vogelschutzgebieten, die zusammen das Netz »Natura 2000« bilden. Für diese Gebiete gelten besondere Schutz- und Bewahrungspflichten. Die konkrete Umsetzung der FFH-Richtlinie nach nationalem Recht ist im Bundesnaturschutzgesetz und im Naturschutzausführungsgesetz von Mecklenburg-Vorpommern geregelt.

Greifswalder Bodden

Zu den insgesamt über 500 Quadratkilometer umfassenden Gewässerbereichen des Greifswalder Boddens gehören auf Rügen:

- Rügenscher Bodden
- Having
- Hagensche Wiek
- Zicker See
- Schoritzer Wiek

Im Brackwasser der Bodden lebt es sich nicht leicht, denn für einen großen Teil der Süßwassertiere ist es zu salzig. Die meisten Arten haben Probleme, wenn der Salzgehalt des Wassers unter 0,8 Prozent sinkt. Deshalb weisen die Boddengewässer im Vergleich zur Ostsee und Nordsee die geringste Artenvielfalt sowie Individuenzahl auf.

Kegelrobbe

Um 1900 wurde die letzte Kegelrobbe in Mecklenburg-Vorpommern ausgerottet. Seit 2006 erobert Deutschlands größtes Raubtier seine früheren Lebensräume an Bodden und Meer zurück. Im Bereich der Ostseeinseln Rügen und Hiddensee sind es drei Gebiete, die sich als wichtige Brennpunkte für Kegelrobben herauskristallisiert haben: die Ostseeküste vor Kap Arkona, die Küstenvogelschutzinsel Greifswalder Oie sowie die Untiefe Großer Stubber im Greifswalder Bodden. Hier finden die scheuen Meeressäuger, die in den Gewässern um Rügen und Hiddensee hauptsächlich den laichenden Heringen und wandernden Dorschen folgen, geeignete Ruhe- und Liegeplätze. Wissenschaftler und Robbenexperten hoffen, dass sich im Bereich beider Ostseeinseln in den kommenden Jahren potenzielle Wurfplätze bilden, an denen Kegelrobbenbabys das Licht der Welt erblicken. Damit würde gleichzeitig der Startschuss für die endgültige Wiederbesiedlung früherer Lebensräume sowie für die Neugründung einer Kegelrobbenkolonie fallen.

Kreide

Auf der Rügener Halbinsel Jasmund gibt es gigantische Felsen aus Kreide. Das Wahrzeichen des Nationalparks Jasmund, der rund 120 Meter hohe Königsstuhl, besteht aus diesem Material. Die Kreide der Halbinsel ist uralt. Sie entstand vor 70 Millionen Jahren am Grund eines tiefen Meeres. Während der Eiszeiten drangen mehrere hundert Meter hohe Gletscher von den Gebirgen Skandinaviens bis in das norddeutsche Tiefland vor. Mit gewaltigem Druck und Schub rissen diese Gletscher Kreidegestein aus dem Untergrund und schoben es zu einem stufigen Höhenrücken zusammen. Beim Abtauen hinterließen sie außerdem große Mengen skandinavischen Gesteinsschutts. Dieser wurde unsortiert als Geschiebemergel abgelagert oder durch fließendes Schmelzwasser nach Korngrößen in Sand, Schluff und Ton getrennt. Als am Ende der letzten Eiszeit die Gletscher abtauten, stieg der Meeresspiegel. Auf der Ostseite Jasmunds entstand ein gewaltiges Steilufer. Die Slawen nannten das Gebiet Stubnitz, was »Stufenland« bedeutet.

Krill der Ostsee

Das kleinste mit bloßem Auge sichtbare Tier der Ostsee ist die Schwebegarnele. Die winzige Garnele, die maximal zwei Zentimeter groß werden kann, dient vielen Tieren der Ostsee als Nahrung. Daher werden Schwebegarnelen auch als »Krill der Ostsee« bezeichnet. Die Garnele ist komplett durchsichtig und lebt in seichten Flachwasserzonen zwischen Buhnen, Steinen, Tang und Seegras. An warmen Sommertagen versammeln sich Schwebegarnelen zu großen Schwärmen im Flachwasser der Uferzonen und lassen sich dort im Takt des Wellenschlags hin und her bewegen. Große Chancen, diesen Winzlingen der Ostsee zu begegnen, bestehen in der Nähe von Buhnen, die in einer Reihe vor der Küste als Maßnahme des Küstenschutzes in den weichen Ostseegrund gerammt wurden.

Küstenvogelschutzgebiete

Küstenvogelschutzgebiete sind Inseln, Halbinseln und Festlandbereiche, die in besonderer Weise geschützt sind, von Menschen nur in Ausnahmefällen betreten werden dürfen und ausschließlich seltenen See-, Wat- und Wasservögeln als letzte Brutareale an Bodden und Ostsee vorbehalten bleiben. In Mecklenburg-Vorpommern gibt es insgesamt 30 Küstenvogelschutzgebiete, die sich entlang der Außenküste von der Wismarbucht vor der Insel Poel bis hinüber zur Insel Usedom wie an einer Perlenkette aufreihen. Auf die Bereiche der Ostseeinseln Rügen und Hiddensee fallen zehn Vogelschutzgebiete, von denen fünf Vogelinseln im Nationalpark Vorpommersche Boddenlandschaft liegen.

Küstenvogelschutzgebiete der Insel Rügen:

- Insel Heuwiese (NP)
- NSG Beuchel
- Insel Liebitz (NP)
- NSG Vogelhaken Zudar
- NSG Schoritzer Wiek
- Insel Tollow und Maltziener Wiek
- NSG Insel Vilm

Küstenvogelschutzgebiete der Insel Hiddensee:

- Gellen und Gänsewerder (NP)
- Fährinsel (NP)
- Neuer Bessin (NP)

Kulturfolgelandschaft

Überall dort, wo der Mensch massiv in die Natur eingegriffen hat, ging der ursprüngliche Charakter vieler Landschaften für immer verloren. Flüsse wurden begradigt, Wälder gerodet, Land fruchtbar gemacht – der Mensch gestaltet die Landschaften bis heute nach seinen Vorstellungen sowie für seine Zwecke und Bedürfnisse. Die daraus entstandenen Kulturfolgelandschaften besitzen heute nur noch ansatzweise urnatürliche Züge. Dass dies für wildlebende Tierarten nicht immer Nachteile mit sich bringen muss, beweisen jene Arten, die sich dem Menschen angeschlossen haben beziehungsweise von seinem Tun und Handeln profitieren. So nisten beispielsweise Weißstörche, Turmfalken und Stare in direkter Nachbarschaft zum Menschen, weshalb sie als Kulturfolger bezeichnet werden.

Lagune, Nehrung, Moräne

Eine Lagune ist ein vom Meer durch eine schmale Landzunge abgetrennter See im Bereich einer Flachküste. Dagegen ist eine Nehrung ein flacher Landstreifen, der vom Meer unter Einwirkung von Strömung und Wind aus Sanden aufgebaut wurde und eine Bucht vom Meer nahezu abtrennt. Dabei spielen auch Moränen eine Rolle: Sie sind das gesamte Schuttmaterial, das ein Gletscher verfrachtet und bei seinem Abschmelzen abgelagert hat.

Landschaftsschutzgebiete (LSG)

Landschaftsschutzgebiete sind eine Form des Gebietsschutzes innerhalb des Naturschutzrechts. Im Vergleich zu Naturschutzgebieten zielen Landschaftsschutzgebiete in erster Linie auf das allgemeine Erscheinungsbild der Landschaft ab. Derartige Gebiete sind meistens großflächiger angelegt, wogegen Auflagen und Nutzungseinschränkungen oft weniger streng ausfallen. Landschaftsschutzgebiete können auch ausgewiesen werden, um das Landschaftsbild für Tourismus und Erholung zu erhalten. Auf den Ostseeinseln Rügen und Hiddensee bestehen derzeit sieben Landschaftsschutzgebiete mit einer Gesamtfläche von über 130 000 Hektar. In Deutschland gehören Landschaftsschutzgebiete zu den Möglichkeiten des gebietsbezogenen Naturschutzes, den das Bundesnaturschutzgesetz bereitstellt. Da der Landschaftsschutz dem Landesrecht unterliegt und die Vorschriften von den Bundesländern erlassen werden, unterscheiden sich auch die Schilder, die auf das Landschaftsschutzgebiet hinweisen. In Mecklenburg-Vorpommern – und somit auch auf den Ostseeinseln Rügen und Hiddensee – greifen die zuständigen Behörden bei der Beschilderung von Landschaftsschutzgebieten in bewährter Weise auf jene Naturschutzeule zurück, die bereits zu DDR-Zeiten landauf und landab zum Einsatz kam. Die stilisierte Eule in Schwarz auf gelbem Grund wird von den Menschen gleich erkannt und signalisiert ohne Umschweife den Schutzstatus des jeweiligen Gebietes.

Meeressäuger

An den Ostseeküsten der Inseln Rügen und Hiddensee leben vier Arten von Meeressäugetieren: eine Walart sowie drei Robbenarten. Während dem Strandwanderer Beobachtungen und Nachweise von Schweinswalen und Kegelrobben an den kilometerlangen Küstenabschnitten regelmäßig gelingen, bleiben Begegnungen mit Seehunden und Ringelrobben eine Ausnahme.

Schweinswale ernähren sich in der Ostsee von Fisch – vor allem von Heringen, Makrelen, Wittlingen, Dorschen und Sandaalen. Die drei Robbenarten ernähren sich von Fischen und Wirbellosen. Weitere Wal- und Robbenarten wurden als Irrgäste in den Gewässern der Ostseeinseln nachgewiesen – beispielsweise der Zwerg- und Buckelwal sowie die Bart- und Sattelrobben.

Meerkohl

Der Meerkohl wird etwa zwischen 30 und 75 Zentimeter groß und hat seine Blütezeit auf Rügen und Hiddensee von Mai bis Juli. Als Vertreter der atlantischen Flora wächst er im westlichen Küstenbereich bis Rügen und Hiddensee auf sandigem und steinigem Boden. An den Küsten beider Inseln ist der Meerkohl sehr selten und steht unter Naturschutz.

Muscheln

Zu den Wirbellosen der Ostsee gehören auch die Muscheln: Sandklaffmuschel, Herzmuschel, Baltische Plattmuschel und Miesmuschel sind Schalentiere, deren Überbleibsel nach dem Absterben – die Muschelschalen – an den Stränden der Ostsee massenweise gesammelt und in die weite Welt mitgenommen werden. Das Sammeln von Muscheln vor den zurückfallenden Wellen der See gehört für viele Strandwanderer und Ostseefreunde zu den schönsten und unvergesslichen Erlebnissen in der maritimen Inselwelt von Rügen und Hiddensee. Muscheln filtern winzige Nahrungsteilchen aus dem Wasser.

Nationales Naturerbe

Aktuell umfassen die 16 deutschen Nationalparke eine Fläche von über eine Million Hektar (ohne Watt- und Meeresflächen sind es etwas über 200 000 Hektar) und haben einen Anteil von lediglich 0,6 Prozent an der terrestrischen (zur Erde gehörenden) Landesfläche in Deutschland. Die 16 Biosphärenreservate, die es in Deutschland gibt, umfassen beinahe zwei Millionen Hektar (abzüglich der Wasser- und Wattflächen in Nord- und Ostsee). Das entspricht 3,5 Prozent der terrestrischen Landesfläche. Die 104 Naturparke in Deutschland umfassen aktuell eine Gesamtfläche von über 9,8 Millionen Hektar, was rund 27 Prozent der Landesfläche Deutschlands ausmacht.

Nationalpark (NP)

»Natur Natur sein lassen« lautet der Auftrag in 16 deutschen Nationalparks. Drei Nationalparke gibt es in Mecklenburg-Vorpommern, wobei der Nationalpark Vorpommersche Boddenlandschaft sowohl Gebiete auf Rügen als auch auf Hiddensee einschließt. Der Nationalpark Jasmund befindet sich als Deutschlands kleinster Nationalpark komplett auf Rügen. In diesen Großschutzgebieten soll der Mensch so weit wie möglich Zurückhaltung üben:

Nationalparke dienen der Bewahrung von ursprünglichen Naturlandschaften in der sonst vom Menschen stark beeinflussten und geformten Umwelt. In einem Nationalpark wird die Ungestörtheit einzigartiger Biotope durch die Nationalparkverordnung geschützt. Demnach ist es in den Schutzzonen verboten, die Lebensräume der Pflanzen und Tiere zu stören oder zu verändern beziehungsweise Pflanzen, Tiere oder Teile von ihnen aus der Natur zu entnehmen.

Naturschutzgebiete (NSG)

Naturschutzgebiete sind rechtsverbindlich festgesetzte Gebiete, in denen ein spezieller Schutz von Natur und Landschaft in ihrer Gesamtheit oder in einzelnen Bereichen erforderlich ist. Damit verkörpern Naturschutzgebiete gleichzeitig eine Schutzkategorie des gebietsbezogenen Naturschutzes, der in Deutschland nach dem Bundesnaturschutzgesetz definiert ist. Auf den Ostseeinseln Rügen und Hiddensee tragen 23 Areale mit einer Gesamtfläche von über 8000 Hektar den Status eines Naturschutzgebietes. Diese Gebiete beinhalten nicht nur besonders schützenswerte Landschaftsformen, sondern beherbergen auch seltene Tier- und Pflanzenarten. In einem Naturschutzgebiet steht die Erhaltung, Entwicklung sowie die Wiederherstellung von Lebensstätten, Biotopen oder Lebensgemeinschaften bestimmter wildlebender Tier- und Pflanzenarten im Vordergrund. Auf Rügen und Hiddensee knüpfte der Naturschutz nach Gründung der DDR an die bereits früher existierende Naturdenkmalpflege sowie an den Vogelschutz an. Ehrenamtliche Kreisnaturschutzbeauftragte bemühten sich nach dem Zweiten Weltkrieg, die bestehenden Schutzgebiete und Naturdenkmäler vor Schädigung und Zerstörung zu schützen. Mit dem 1952 verabschiedeten Naturschutzgesetz der DDR und der 1953 erfolgten Gründung des Instituts für Landschaftsforschung und Naturschutz bei der Akademie der Landwirtschaftswissenschaften der DDR erhielt der Naturschutz nicht nur eine neue Rechtsgrundlage, sondern auch eine wissenschaftliche Institution für Forschung, Planung und Konzeption von Schutzgebieten.

Nordrügensche Bodden

Zu den Boddengewässern im Bereich Nordrügen sowie Hiddensee, die insgesamt eine Fläche von beinahe 160 Quadratkilometern umfassen, gehören:

- Rassower Strom
- Wieker Bodden
- Breetzer Bodden
- Neuendorfer Wiek
- Breeger Bodden
- Lebbiner Bodden
- Tetzitzer See
- Großer Jasmunder Bodden
- Kleiner Jasmunder Bodden

Am Grund der flachen Bodden wachsen großflächige Bestände von Wasserpflanzen – hauptsächlich Blasentang und Seegras. Manchmal werden große Massen davon an die Ufer gespült. Dazwischen lassen sich nur selten andere Arten von Meeresalgen finden, gelegentlich Gabeltang und Darmtang. Die großen Pflanzenteppiche von Seegras und Blasentang, die manchmal bis knapp unter die Wasseroberfläche reichen oder auf dem Wasser treiben, sind ideale Verstecke für verschiedene Süßwasserfische.

Offenland

Gebiete und Landschaften, die nicht überbaut wurden beziehungsweise nicht von Bäumen oder anderen Gehölzen dominiert werden, werden als Offenland bezeichnet. Zusammengefasst sind es also jene Biotope, die nicht zum Wald zählen. Zum Offenland gehören natürliche Gebiete wie Moore, Wüsten und Steppen, aber auch landwirtschaftlich genutzte Flächen wie Äcker und Wiesen.

Ostseeküste

Die Gesamtlänge der Küstenlinie der Ostsee beträgt rund 7000 Kilometer. Dabei ist der Anteil der deutschen Außenküste von Flensburg bis Ahlbeck mit rund 900 Kilometern vergleichsweise gering. Von den 1945 Kilometer Küstenlinie in Mecklenburg-Vorpommern entfallen 377 Kilometer auf die Außenküste sowie 1568 Kilometer auf die Binnenküste. Hiddensee steuert mit einer Küstenlänge von knapp über 60 Kilometern nur einen kleinen Teil bei. Auf Rügens Schwesterinsel entfallen etwa 20 Kilometer auf die Außenküste und ungefähr 40 Kilometer auf die Binnenküste. Auf Rügen sehen die Werte schon anders aus, denn Deutschlands größte Insel hat eine Küstenlänge von fast 600 Kilometer, die sich in etwas über 100 Kilometer Außenküste sowie knapp 500 Kilometer Binnenküste aufteilen.

Quallen

Die filigransten Geschöpfe der Ostsee sind die Quallen. Zwei Arten tauchen im Meer vor Rügen und Hiddensee auf. Während die Ohrenqualle sehr häufig und nahezu überall anzutreffen ist, gelingen Nachweise der Feuerqualle wesentlich seltener. Dass letztere Art kaum in den Flachwasserbereichen beider Inseln vorkommt, ist ein Trost für alle Sonnenanbeter und Badelustigen, die nur ungern Bekanntschaft mit den giftigen Nesselfäden dieser Ostseequallen machen.

Sandhaken

Die natürliche Küstendynamik im Bereich der Ostsee ist von Abtragungs- und Anlandungsprozessen gekennzeichnet. Sand, Mergel und Lehm, die durch die Meeresbrandung an den aktiven Steilküsten abgebrochen sind und ins Meer gespült wurden, werden durch parallel zur Küste verlaufende Strömungen abtransportiert. An Stellen im Bereich der Küste, an denen das Wasser zur Ruhe kommt, wird das natürliche Material wieder abgelagert. Nach und nach entstehen Landarme, die sich immer weiter ins Meer schieben und an betroffenen Küstenabschnitten Haken bilden. Da der Hauptbestandteil des natürlichen Baumaterials sowie der Ablagerungen Sand ist, werden diese Neulandbildungen auch als Sandhaken bezeichnet.

Schorre

Eine trockenliegende Fläche in der Uferzone der Ostsee, die zum Meer hin abfällt und zum Land hin ansteigt, wird als Schorre bezeichnet. Diese Sandaufschüttungen wurden von der Brandung und vom Wellenschlag geformt. Nicht selten weist die Oberfläche einer Ostseeschorre daher auch eine wellenförmige Struktur auf.

Schutzzonen

Entsprechend seinen Schutzzielen ist das Biosphärenreservat Südost-Rügen in verschiedene Zonen eingeteilt. Die Kernzone (Schutzzone I) nimmt als Totalreservat mit knapp 350 Hektar den kleinsten Flächenanteil ein. Sie umfasst das Kliff und den Laubwald des Zickerschen Höftes, die urwaldartigen Buchenwälder der Insel Vilm, die Steilküste der Granitz sowie ein Kesselmoor und einen Kesselsee in der Granitz. Die Kernzone ist frei von jeglicher wirtschaftlichen Nutzung, denn natürliche Prozesse sollen hier ungestört ablaufen können. Die Pflegezone (Schutzzone II) umfasst eine Gesamtfläche von über 3200 Hektar. Sie enthält Bereiche, die aus nachhaltiger Landnutzung hervorgegangen sind und nur durch standortgerechte Nutzung beziehungsweise pflegende Eingriffe des Menschen im gegenwärtigen Zustand erhalten werden können. Zur Pflegezone gehören unter anderem die Boddengewässer und Salzweiden der Having und des Zicker Sees, die Binnengewässer des Wreecher und Neuensiener Sees, die großflächigen Hutungen der Zicker Berge, das Waldgebiet der Granitz sowie aktive Kliffe. Die Kern- und Pflegezonen haben den Status eines Naturschutzgebietes. Fast ein Viertel der Landfläche Südost-Rügens ist somit als Naturschutzgebiet ausgewiesen. Den weitaus größten Anteil des Biosphärenreservates nimmt mit beinahe 20 000 Hektar Fläche jedoch die Entwicklungszone (Schutzzone III) ein. Diese Zone trägt den Status eines Landschaftsschutzgebietes, wo unter Berücksichtigung traditioneller Siedlungs- und Wirtschaftsformen eine nachhaltige Landnutzung entwickelt werden soll, um das naturraumtypische Spektrum von Ökosystem und Artenvielfalt sowie das unverwechselbare Landschaftsbild zu erhalten.

Schweinswal

Schweinswale sind in allen gemäßigt temperierten Meeresgebieten der Nordhalbkugel verbreitet. Neue genetische und morphologische Vergleiche an Schweinswalen der Ostsee haben ergeben, dass es drei genetisch voneinander getrennte Populationen gibt. Identifiziert wurden dabei folgende Verbreitungsgebiete: Skagerrak/Nordsee, innerdänische Gewässer und die zentrale/östliche Ostsee. So können die Untersuchungen belegen, dass die Tiere der zentralen Ostsee, die die Gebiete östlich der Darßer Schwelle bis zu den Inseln Rügen und Hiddensee umfasst, mit der Population der westlichen Ostsee, beispielsweise vor Schleswig-Holstein, nicht im genetischen Austausch stehen. Schweinswale versammeln sich alljährlich von Juni bis August zum Gebären der Jungen im Seegebiet vor der Halbinsel Darß-Zingst und der Insel Hiddensee.

Seeadler

Über den Landstrichen an Bodden und Meer ziehen seit vielen Jahrzehnten die Seeadler ihre Kreise. Es sind mächtige Greifvögel, die nicht nur als deutscher Wappenvogel, sondern auch als Wahrzeichen der Natur auf Rügen und Hiddensee gelten. Seeadler haben in den vergangenen Jahrzehnten von Maßnahmen des Natur- und Artenschutzes profitiert. Um 1900 zogen nur noch vier Seeadlerpaare ihre Jungen in den stillen und dunklen Wäldern Mecklenburgs groß, heute sind es wieder mehr als 700. Rund 50 Prozent des gesamtdeutschen Seeadlerbestandes nistet in Mecklenburg-Vorpommern, dem »Adlerland« Deutschlands. 2015 wurden auf Rügen und Usedom sowie im alten Landkreis Nordvorpommern 82 Seeadlerpaare gezählt, 2014 waren es 80 Paare. 75 Jungvögel haben 2015 die Horste als flügge Jungadler verlassen, 2014 waren es erst 53. Allein auf Rügen wurden im Jahr 2015 insgesamt 35 Seeadlerpaare gezählt – darunter fünf Neuansiedlungen.

Stranddistel

Die Stranddistel wird zwischen 20 und 60 Zentimeter hoch und hat ihre Blütezeit an der Ostseeküste von Mecklenburg-Vorpommern etwa von Juni bis August. Eigentlich ist diese Pflanze keine Distel, sondern gehört zur Familie der Doldengewächse, wie beispielsweise auch die Möhre. Durch ihre halbkugelige Wuchsform bietet die Stranddistel dem Wind nur eine geringe Angriffsfläche. Kräftige, bis zweieinhalb Meter tiefreichende Wurzeln verankern die Pflanze, die unter Naturschutz steht, im lockeren Dünensand.

Strandkrabbe

Die häufigste Krabbenart an der Ostsee ist die Strandkrabbe, die an allen Küsten Europas vorkommt. Die leeren Panzer oder Scheren dieser Meeresbewohner gehören neben den Steinen und Fossilien zu den beliebtesten

Mitbringseln von der Ostsee. Strandkrabben kommen bis zur Darßer Schwelle sowie um Hiddensee und vor der Nordwestküste der Insel Rügen vor. Ihr eigentümlicher Gang hat der Krabbe im Volksmund den Namen »Dwarslöper« (»Querläufer«) eingetragen. In raschem Seitwärtslauf, der im Flachwasser in Sprünge übergeht, erbeuten Strandkrabben auch kleine Fische.

Strandpflanzen

Den Pflanzen des Ostseestrandes ist es gelungen, sich extremen Standortbedingungen anzupassen. Einige besonders seltene und gefährdete Strandpflanzen, wie der Meerkohl und die Stranddistel, stehen unter Naturschutz. Größere Küstenabschnitte, die eine noch weitgehend natürliche, durch den Menschen unbeeinflusste Vegetation aufweisen, befinden sich auf Rügen und Hiddensee ausschließlich in den ausgewiesenen Schutzgebieten. Der biologische Küstenschutz wäre ohne die Strandgräser, die wesentlich zur Festigung des lockeren Dünensandes beitragen, nicht denkbar.

Strelasund

Zu den Boddengewässern des Strelasunds, der eine Fläche von 64 Quadratkilometern umfasst, gehören im Bereich der Insel Rügen:

- Gustower Wiek
- Glewitzer Wiek
- Puddeminer Wiek

Der Strelasund hat vor allem für durchziehende und rastende Vögel eine überregionale Relevanz. In den zahlreichen Buchten und Wieken bieten geschützte Wasserflächen auch Raum für die Jungenaufzucht und Mauser. Als Nahrung dienen Wasserpflanzen, Wirbellose und vor allem Fische. Die Boddengewässer im Bereich des Strelasunds sind für viele Vogelarten aus Skandinavien und Osteuropa ein wichtiges Durchzugs- und Rastgebiet.

»Tag der Parke« und »Internationaler Tag der biologischen Vielfalt«

Der 24. Mai ist ein europaweiter Aktionstag der Nationalparke, Biosphärenreservate und Naturparke und wird von der europäischen Dachorganisation für Großschutzgebiete, Föderation EUROPARC, ausgerufen. An diesem Tag wollen die »Nationalen Naturlandschaften« ihre Aufgaben und Ziele einer breiten Öffentlichkeit näherbringen. Der »Tag der Parke« geht auf den 24. Mai im Jahr 1909 zurück: An diesem Tag wurden in Schweden neun Nationalparke als erste Schutzgebiete dieser Art in Europa ausgewiesen. Seit 2001 gibt es außerdem den »Internationalen Tag der biologischen Vielfalt«, der am 22. Mai gefeiert wird. Er erinnert an den 22. Mai im Jahr 1992, an dem der Text des Übereinkommens über die biologische Vielfalt (Convention on Biological Diversity, CBD) offiziell angenommen wurde. Die Ziele der Konvention sind die Erhaltung der biologischen Vielfalt, die nachhaltige Nutzung ihrer Bestandteile sowie die ausgewogene und gerechte Aufteilung der sich aus der Nutzung der genetischen Ressourcen ergebenden Vorteile. Jedes Jahr steht der »Internationale Tag der biologischen Vielfalt« unter einem anderen Motto.

Wassertiefe

Die Kieler und die Mecklenburger Bucht erreichen jeweils eine Wassertiefe von etwa 30 Metern. Deutlich weiter runter geht es in der Ostsee vor Mecklenburg-Vorpommern nur im Bereich des Arkonabeckens nördlich der Insel Rügen. Hier lässt sich eine Wassertiefe von 48 Metern messen, während das Bornholmbecken bis auf 105 Meter absinkt. Im schwedischen Teil des Gotlandbeckens befindet sich das Landsorttief mit der Maximaltiefe der Ostsee von beinahe 460 Metern.

Westrügensche Bodden

Zu den Boddengewässern Westrügens, die eine Fläche von fast 110 Quadratkilometern umfassen, gehören:

- Schaproder Bodden
- Udarser Wiek
- Koselower See
- Varbelvitzer Bodden
- Vitter Bodden
- Kubitzer Bodden mit Landower Wedde und Priebowscher Wedde

Die reich gegliederte Boddenküste bietet ideale Lebensräume für Brutvögel, denn sie finden in den Boddengewässern ausreichend Nahrung. In der Regel nutzen die hier vorkommenden See-, Wasser- und Watvögel auch Brutgebiete und -plätze, die sich in unmittelbarer Nähe zu den Bodden befinden.

Windwatt

In der Ostsee gibt es Hoch- und Niedrigwasser und damit wechselnde Pegelstände. Doch im Vergleich zur Nordsee, bei der Ebbe und Flut (Gezeiten) durch den Mond verursacht werden, sorgt an der Ostsee einzig und allein die Kraft des Windes für unterschiedliche Wasserstandsmeldungen. Bei starken Stürmen wird das Wasser in die Meeresbuchten gedrückt und erzeugt Hochwasser. Durch den Sog beim Zurückfließen des nassen Elements ergibt sich Niedrigwasser. Küstennahe Bereiche, die bei Niedrigwasser komplett trockenfallen, werden als Windwatt bezeichnet. Dies geschieht in Anlehnung an die Ebbe der Nordsee, die das echte Watt freigibt.

Wirbellose

Neben den Säugetieren, Vögeln und Fischen, die als große und auffällige Arten den Lebensraum Ostsee vor den Inseln Rügen und Hiddensee bewohnen, leben hier auch Krabben und Krebse, Muscheln und Schnecken, Quallen und Garnelen. Diese Wirbellosen haben sich den maritimen Lebensraum erschlossen und leben hier seit Jahrmillionen.

Großschutzgebiete auf Rügen und Hiddensee

Nummer	*Name*
NLP 1	Nationalpark Jasmund
NLP 2	Nationalpark Vorpommersche Boddenlandschaft
BR 1	Biosphärenreservat Südost-Rügen

Naturschutzgebiete auf Rügen und Hiddensee

Nummer im Verzeichnis MV	*Name*
N 3	Insel Vilm
N 4	Pulitz
N 43 a	Steinfelder in der Schmalen Heide
N 43 b	Schmale Heide mit Steinfeldern
N 128	Schoritzer Wiek
N 130	Vogelhaken Glewitz
N 187 a	Goor-Muglitz: Muglitzer Boddenufer
N 187 b	Freetzer Niederung und Goor
N 188	Granitz
N 189 a	Südperd
N 189 b	Zicker
N 189 c	Lobber Ort
N 189 d	Salzwiesen bei Middelhagen
N 189 e	Schafberg bei Mariendorf
N 189 f	Nordperd
N 189 g	Göhrener Litorinakliff und Baaber Heide
N 189 h	Having und Reddevitzer Höft
N 190 a	Westufer des Selliner Sees
N 190 b	Neuensiener See
N 190 c	Hügel bei Neuensien
N 191	Quellsumpf Ziegensteine bei Groß Stresow
N 192	Wreechener See
N 252	Kniepower See und Katharinensee
N 253	Langes Moor
N 254	Tetzitzer See mit Halbinsel Liddow und Banzelvitzer Berge
N 255	Roter See bei Glowe
N 256	Spyckerscher See und Mittelsee
N 257	Nordufer Wittow mit Hohen Dielen
N 285	Wostevitzer Teiche
N 286	Nordwestufer Wittow und Kreptitzer Heide
N 292	Schmachter See und Fangerien
N 294	Dornbusch und Schwedenhagener Ufer
N 295	Dünenheide auf Hiddensee
N 321	Neuendorfer Wiek mit Insel Beuchel

Landschaftsschutzgebiete auf Rügen und Hiddensee

Nummer im Verzeichnis MV	*Name*
L 4	Insel Hiddensee
L 61 b	Mittlerer Strelasund (Rügen)
L 81	Ostrügen, LSG SO-Rügen, LSG Vitt-Arkona, LSG Ost-Rügen
L 84	Biosphärenreservat Südost-Rügen
L 142	Greifswalder Bodden
L 143	West-Rügen
L 144	Südwest-Rügen-Zudar